$$\left(\frac{1}{f(x)}\right)' = -\frac{f'(x)}{(f(x))^2} \qquad\qquad\qquad\qquad\qquad\text{微分法}$$

$$\left(\frac{g(x)}{f(x)}\right)' = \frac{g'(x)\cdot f(x) - g(x)\cdot f'(x)}{(f(x))^2} \qquad (f(x)\neq 0) \quad :\text{商の微分法}$$

$y = g(f(x))$ に対し,$t = f(x)$ とおくと $y = g(t)$ となり

$$\frac{dy}{dx} = \frac{dy}{dt}\cdot\frac{dt}{dx} = \frac{d}{dt}g(t)\cdot\frac{d}{dx}f(x) = g'(t)\cdot f'(x) \quad :\text{合成関数の微分法}$$

$$\frac{dy}{dx} = \frac{1}{dx/dy} \qquad\qquad\qquad\qquad\qquad :\text{逆関数の微分法}$$

$y = f(x)$ が $x = g(t), y = h(t)$ と媒介変数表示されるとき

$$\frac{dy}{dx} = \frac{dy/dt}{dx/dt} = \frac{dh/dt}{dg/dt} \qquad\qquad\qquad :\text{媒介変数表示の微分法}$$

3. 基本関数の展開

$$e^x = 1 + x + \frac{1}{2!}x^2 + \frac{1}{3!}x^3 + \cdots$$

$$\sin x = x - \frac{1}{3!}x^3 + \frac{1}{5!}x^5 - \frac{1}{7!}x^7 + \cdots$$

$$\cos x = 1 - \frac{1}{2!}x^2 + \frac{1}{4!}x^4 - \frac{1}{6!}x^6 + \cdots$$

$$\log(1+x) = x - \frac{x^2}{2} + \frac{x^3}{3} - \cdots + (-1)^{n-1}\frac{x^n}{n} + \cdots$$

$$(1+x)^a = 1 + \binom{\alpha}{1}x + \binom{\alpha}{2}x^2 + \cdots + \binom{\alpha}{k}x^k + \cdots$$

$$\text{ここで}\ \binom{\alpha}{k} = \frac{\alpha(\alpha-1)\cdots\cdots(\alpha-k+1)}{k!}$$

4. 関数の展開

$$f(x) = f(a) + f'(a)(x-a) + \frac{1}{2!}f''(a)(x-a)^2 + \cdots \quad :\text{点 } a \text{ でのテーラー展開}$$

$$f(x) = f(0) + f'(0)x + \frac{1}{2!}f''(0)x^2 + \cdots \qquad\qquad :\text{マクローリン展開}$$

計算と数学
微分積分入門

樋口禎一／山崎晴司
共　著

森北出版株式会社

ギリシャ文字

文字		名　称		文字		名　称		文字		名　称	
A	α	alpha	アルファ	I	ι	iota	イオタ	P	ρ	rho	ロー
B	β	beta	ベータ	K	κ	kappa	カッパ	Σ	σ	sigma	シグマ
Γ	γ	gamma	ガンマ	Λ	λ	lambda	ラムダ	T	τ	tau	タウ
Δ	δ	delta	デルタ	M	μ	mu	ミュー	Υ	υ	upsilon	ウプシロン
E	ε	epsilon	イプシロン	N	ν	nu	ニュー	Φ	ϕ	phi	ファイ
Z	ζ	zeta	ジータ	Ξ	ξ	xi	クサイ	X	χ	chi	カイ
H	η	eta	イータ	O	o	omicron	オミクロン	Ψ	ψ	psi	プサイ
Θ	θ	theta	シータ	Π	π	pi	パイ	Ω	ω	omega	オメガ

■本書の無断複写は著作権法上での例外を除き禁じられています．
複写される場合は，そのつど事前に(一社)出版者著作権管理機構
（電話 03-5244-5088, FAX 03-5244-5089, e-mail: info@jcopy.or.jp）
の許諾を得てください．

はしがき

　微分積分学（微積）は，私たちの身の回りのものを処理し，解決してくれる基本的な知識と言うよりも，九九と同じように，身に付いていなければならない基礎知識である．九九を知らないと生きていけないように，微積を知らないと豊かな生活を送ることは困難であろう．ニュートン以来の先人たちの努力の積み重ねによって，こんなに大衆化した微積を，私たちは謙虚に学びとって，豊かな社会生活が営めるように努力しよう．

　コンピュータが爆発的に発展したのは昨日までのことで，今日は I.T.（情報技術）の時代である．時代はこんなに目まぐるしく変わっているが，こんなに豊かな社会を支えているのは微積である．だから，微積は，理系とか文系を問わず，高校での必修の高校数学 I の次に学べるようにする必要があろう．もし，高校時代に，あまり数学に力を入れなかった諸君にも，微積を理解する必要があろう．そんなときでも，本書は十分な手助けになるであろう．

　本書の内容は，平成 15 年（2003 年）度より高校 1 年から実施されている新指導要領に対応し，新「数学 I」を学んだだけの学生でも十分理解できるように配慮し，微積に必要な基礎知識を，先ず解説してある．やはり，数学は基礎知識をしっかり理解していないと進んでいけないことを解っておく必要はある．だから，微積をしっかり理解するためには，何回も何回も書き込んで，自分のものになるまで繰り返すことである．そうしないと，次の時代のリーダーにはなれませんし，ここを乗り越えないと何も生まれません．

　次に，微分の考えの基になる極限が解説してある．極限は代数や幾何にない新しい概念で，これは実数の難しいところです．実数を数直線上に並べるとき，ある点を固定して考えると，その点の隣の点は存在しないのです．何故ならば，

もし，存在したとすると，それらの点の中点をとると，隣の点ではなくなるからです．極限は存在していない隣の点を調べるようなものだから難しい．しかし，これを難しいと思わないことです．

ここを乗り越えれば，微積はニュートン以来，よく整備され，算数的に扱われるようになっているから，定理や公式はしっかり理解しておくと良い．もし，理解できそうにない定理や公式があれば，十分に書き込み，暗記をしておくと良い．そうして，使っていると自然に理解できる．このように勉強していくと，独りでに実力が付き，小さな天才になれると思う．そうなるまで，我慢して欲しい．

また，練習問題，演習問題はA（基本問題），B（応用問題）に分けてあります．

本書は，微積の本質を的確に捉えてあるから，本書と仲良くして，微積に親しんで，微積を得意科目にして，自らの専門を極めるのに役立てて欲しい．さらに，微積を教養にまで高めてくれることを願う．

最後に，本書の執筆にあたって，森北出版の方々には多大なお世話になり，深く感謝の意を表する次第です．また，多くの著書を参考にさせて頂いたことを，ここに深く感謝いたします．

平成15年　夏

著者しるす

第3刷にあたって

第3刷では第2刷刊行後発見された誤りを修正致しました．誤りについては，香川大学工学部材料創造工学科の須崎嘉文先生よりのご指摘によるところが大きく，心よりお礼申し上げます．

平成19年3月

目 次

第1章 関　　数 …………………………………… 1
　§1　実　　数 ………………………………………… 2
　§2　関数とグラフ …………………………………… 5
　§3　指 数 関 数 …………………………………… 11
　§4　対 数 関 数 …………………………………… 19
　§5　三 角 関 数 …………………………………… 25
　第1章の演習問題 …………………………………… 37

第2章 微 分 法 …………………………………… 39
　§1　関数の極限 ……………………………………… 40
　§2　関数の連続性 …………………………………… 47
　§3　微 分 法 ……………………………………… 50
　§4　微分法の性質 …………………………………… 57
　第2章の演習問題 …………………………………… 66

第3章 微分法の応用 ……………………………… 67
　§1　テーラー展開 …………………………………… 68
　§2　平均値の定理 …………………………………… 72
　§3　関数の増減とそのグラフの凹凸 ……………… 79
　第3章の演習問題 …………………………………… 82

第4章 積分法の定義と不定積分 ………………… 83
　§1　定積分の定義, 定積分の性質 ………………… 84
　§2　不 定 積 分 …………………………………… 91
　第4章の演習問題 …………………………………… 103

iv 目次

第5章　定積分とその応用 　105
§1　定積分の計算 　106
§2　定積分の応用（面積・体積・曲線の長さ） 　115
第5章の演習問題 　124

第6章　2変数関数の微分法 　127
§1　偏導関数 　128
§2　偏導関数の応用 　136
第6章の演習問題 　141

第7章　2変数関数の積分法 　143
§1　2重積分 　144
§2　2重積分の応用 　150
第7章の演習問題 　158

第8章　微分方程式 　161
§1　1階微分方程式 　162
§2　2階線形微分方程式 　167
第8章の演習問題 　172

問題の解答 　173

索引 　204

第1章 関　　数

　この本で学ぶ微分積分学は現代科学技術を支える数学としてなくてはならないもので，大学で学ぶさまざまな科目の基礎になるものである．

　数学は紀元前から発展してきたが微分積分学はそれ以前の数学を基礎として，17世紀にニュートンにより発見された．本書では前提となる知識を高校数学Ⅰとし，それ以上の微積分を学ぶために必要な事項はこの1章で説明する．

　微積分が対象とする世界は「関数」で表されるものであり，関数は「実数」*) によって表される．そこで，本章では微積分のしくみを内に秘めた「実数」からはじめて，続いて「関数とグラフ」・「代表的な関数」について説明する．

　この章で説明する関数は，さまざまな分野で利用されている基本的な関数なので，それぞれの関数がどういう変化を表すのかもよく考えながら学ぼう．

　さらに，注目すべき数としてネピアの数 e について説明する．この数は指数関数を微分するためになくてはならないのでここで取り上げるが，この数の不思議さに思いをめぐらせるようであれば数学の理解も格段に進むであろう．

---

*)　数は「実数」に対して「複素数」が存在するがこの本の主な取り扱い範囲は実数とする．

§1 実 数

この節では，微積分学を支えている実数の説明から始める．数の歴史は自然数から始まり，整数，有理数と範囲を拡げ，さらに無理数を含めて，数の集合をつくって，実数と呼んでいる．このような数であるから，いろいろな性質も生まれてくる．この性質について解説する．

本書を学ぶ皆さんはすでにいろいろな数を知っている．例えば，$1, 2, -5, \sqrt{2}$, あるいは円周率 π なども知っている数であろう．実数から実数への対応が関数であるから，まず，「数」の解説から始めよう．

ある性質をもったものの集まりを**集合**という．

まず，$1, 2, 3, \cdots$ の各々を**自然数**といい，この集合を記号 $\boldsymbol{N}$ で表す．$\cdots, -3, -2, -1, 0, 1, 2, 3, \cdots$ の各々を**整数**といい，この集合を $\boldsymbol{Z}$ で表す．さらに分子が整数で，分母が0でない整数である分数を**有理数**といい，この集合を記号 $\boldsymbol{Q}$ で表す．記号 $\boldsymbol{N}, \boldsymbol{Z}, \boldsymbol{Q}$ には慣れておこう．

さて，$\sqrt{2}, \sqrt{3}, \pi, \cdots$ などは有理数でない．有理数でない数を**無理数**という．有理数と無理数をまとめて**実数**といい，この集合を記号 $\boldsymbol{R}$ で表す．

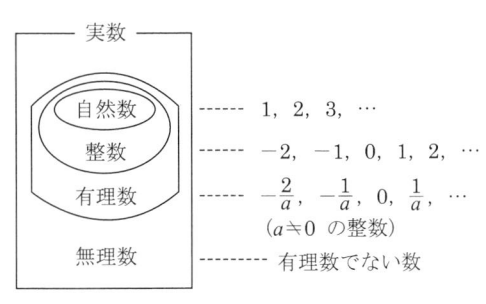

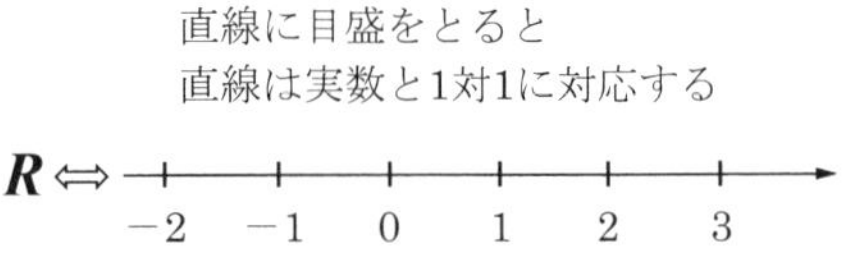

図 1-1

直線に目盛をとると
直線は実数と1対1に対応する

図 1-2

本書では，ことわらない限り，実数を扱うものとする．

§1 実　　数

さらに，特別な性質をもっている 0 と 1 を基準として，実数の全体 $\boldsymbol{R}$ を 1 本の直線上に隙間なく並べることができる．もし，a の隣りの数 b があると，それらの数に中点がかならずあるから，b は隣りの数でなくなる．よって，実数には「隣りの数」は存在しない．この性質が微積を進歩・発展させたのである．ここで，実数の全体 $\boldsymbol{R}$ は 1 本の直線の上に順序よく並べることができ，$\boldsymbol{R}$ は直線上の点全体と 1 対 1 対応しているから，$\boldsymbol{R}$ と直線は同一視でき，数学的には同じものと見なせる．このような直線を**数直線**という．

実数全体の集合 $\boldsymbol{R}$ は，$\boldsymbol{R} = (-\infty, \infty) = \{x \mid -\infty < x < \infty\}$ とも表される．また，集合 $\{x \mid a < x < b\}$ は (a, b) と表し，**開区間**という．さらに，$\{x \mid a \leqq x \leqq b\}$ は $[a, b]$ と表し，**閉区間**という．$\{x \mid a \leqq x < b\}$ は $[a, b)$ と表し，**半閉半開**という．$\{x \mid a < x \leqq x\}$ は $(a, b]$ と表し，**半開半閉**という．

$1, 3, 5, \cdots$ のようにある規則に従って数を並べたものを**数列**という．1 番目を a_1, 2 番目を $a_2, \cdots, n$ 番目を a_n と表し，全体を $\{a_n\}$ で表すことにする．

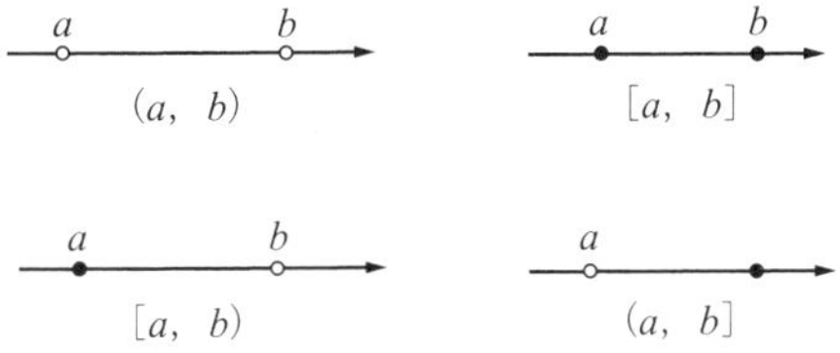

```
   a       b              a       b
   ○───────○─→            ●───────●─→
     (a, b)                 [a, b]

   a       b              a       b
   ●───────○─→            ○───────●─→
     [a, b)                 (a, b]
```

図 1 - 3

数列 $\{a_n\}$ について，n を限りなく大きくするとき，a_n が α に限りなく近づくならば，

$$\lim_{n \to \infty} a_n = \alpha \quad \text{または} \quad a_n \to \alpha \; (n \to \infty)$$

と書くことにする．

また，a が集合 A の**要素**（または**元**）のとき，$a \in A$ とか $A \ni a$ と書く．

「**任意な**」は記号「$\forall$」を使うことにする．

2 つの集合 A, B について，A が B に含まれているとき，$\boldsymbol{A \subset B}$ または $\boldsymbol{B \supset A}$ と書く．すなわち，

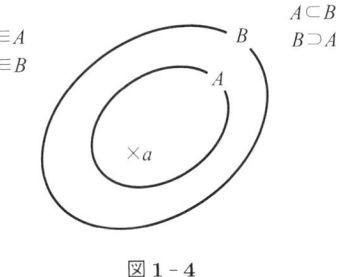

図 1 - 4

$$\forall a \in A \;\; \Rightarrow \;\; a \in B \;\; \Longleftrightarrow \;\; \boldsymbol{A \subset B \text{ または } B \supset A}$$

さらに，実数と対応している数直線について，

「区間のはばを，図1-5のように，だんだん小さくしていくと，やがては，一点になる．」

このことは，簡単に，図1-5から直観的に理解できる．このことは証明なしに認めて，公理として次のように述べる．

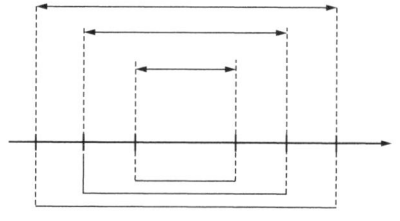

図1-5

公理 （区間縮小法，はさみうちの原理）

区間 $I_n = [a_n, b_n]$ $(a_n < b_n, n = 1, 2, \cdots)$ について，次の条件 I, II がみたされているならば，各区間に共通なただ 1 つの点が存在する．

　I．$I_{n+1} \subset I_n$ $(n = 1, 2, \cdots)$，　II．$\lim_{n \to \infty}(b_n - a_n) = 0$

この公理は，I で区間がだんだん小さくなることを示し，II で区間のはばが 0 に近づいていくことを示しているので，各区間 I_n に共通なただ 1 つの点が存在することが直観的に理解でき

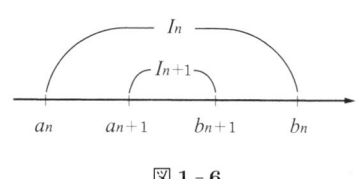

図1-6

る．これを証明なしの公理として扱うというものである．この公理は 43 頁（三角関数の大事な性質である極限値の存在）などでも必要となる．

──────── 数学では公理（共通概念）として，次のようなものもある ────────

1. 同じものに等しいものは互いに等しい．
2. 直線の公理：任意の 2 点を通る直線は 1 つである．
3. 平行線の公理：任意の直線と，この直線上にない 1 点があるとき，こ

の点を通って，この直線に平行な直線がただ1つある．

§2 関数とグラフ

　関数は実数から実数への対応を表すものである．前節では，実数の性質を学んだが，この節では，具体的な関数を視覚に訴えて理解するのに役立つグラフについて解説する．1次関数は直線になり，2次関数は放物線になることは，高校数学Ⅰで学んだが，一般に，n 次関数はどうなるか，指数関数と対数関数の関係，周期関数としての三角関数などを解説する．

実数のある区間 D について，D に含まれる各実数 x に対し，ただ1つの実数 y が対応しているとき，y は x の**関数**といい，
$$y = f(x) \qquad ①$$
で表す．$f(x)$ の代わりに，$g(x)$, $y(x)$, $\varphi(x)$, $\cdots$ などと表すこともある．また，変数 x の代わりに，時間 t, ξ（ギリシア文字は扉裏に一覧掲載）などで表すこともある．例えば，次のような表現にも慣れておくように．
$$\eta = 3\xi^2 + 6\xi - 5 \qquad ②$$

区間 D を関数 $f(x)$ の**定義域**または**変域**という．D は実数全体のときもあるし，その一部分からなるときもある．特にことわらない限り，ある関数の定義域はその関数が定義できるすべての x の集合とする．また，$y = f(x)$ の y は x に従属して変わるから，x を**独立変数**，y を**従属変数**と呼ぶ，x に対応して y のとり得る値の集合を関数 $f(x)$ の**値域**という．

実数 x に対し，$ax + b$（a, b は定数，$a \neq 0$）を対応させる関数は，x の**1次関数**と呼ばれる．この関数の定義域は，特にことわらない限り，すべての実数 $(-\infty, \infty)$ とする．

一般に，x の n 次多項式

6　第1章 関　数

$$a_n x^n + a_{n-1} x^{n-1} + \cdots + a_1 x + a_0$$

$$(a_j \ (j = 0, 1, \cdots, n)：定数, a_n \neq 0)$$

で定まる関数

$$y = a_n x^n + a_{n-1} x^{n-1} + \cdots + a_1 x + a_0 \qquad ③$$

を x の **n 次関数**と呼ぶ

　特に，時間（time）を変数に考える場合には，変数は x の代わりに t を用いる場合が多い．数学での等式は，変数の文字に関係なく成り立つ．

■ **例 1**　高さ a メートルのところから，物体を自然落下させたとき，t 秒後の高さ h メートルは，観測により

$$h = a - 4.9 t^2 \qquad ④$$

であることが知られている． ■

　注意　変数 x, y の代わりに t, h が用いられている．

　まず，右図のように，平面上に変数 x の数直線と，変数 y の数直線が点 O(0, 0) で直交しているようにとる．変数 x の数直線を **x 軸**，変数 y の数直線を **y 軸**という．

　通常，x 軸，y 軸の正の方向に矢印をつける．平面上の点 P に対して，P を通り y 軸に平行な直線が x 軸上で交わ

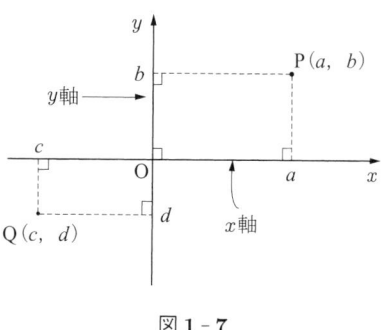

図 1-7

る点の目盛を a，x 軸に平行な直線が y 軸上で交わる点の目盛を b とする．このようにして，平面上の点 P に対しては 2 つの数字の組 (a, b) が 1 つ定まる．

　逆に，任意の 2 つの数字の組 (c, d) に対しては，平面上に点 Q (c, d) が 1 つ定まる．

よって，平面上の点 P は 2 つの数字の組 (a, b) と同一視できる．

この 2 つの数字の組 (a, b) を点 P の**座標**といい，P を P (a, b) と表す．a を P の $\boldsymbol{x}$ **座標**，b を P の $\boldsymbol{y}$ **座標**という．この平面を**座標平面**といい，x 軸と y 軸の交点 O を**原点**という．

〈関数のグラフ〉

さて，関数 $y = f(x)$ について考えてみよう．

この関数の定義域を**区間** D とする．このとき，D 内の各実数 x に対して，実数 y が，$y = f(x)$ という関係を保って対応している．この x と y の組 $(x, y) = (x, f(x))$ を平面上にとって，滑らかにつなぎ合わせると，x に対応する y の値が具体的にわかり，全体が視覚的によりわかりやすくなる．このような図を関数 $y = f(x)$ の**グラフ**という．

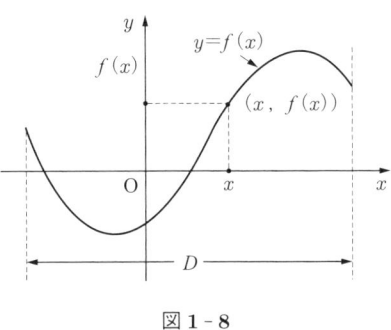

図 1-8

〈1 次関数のグラフ〉

2 点 A (x_1, y_1)，B (x_2, y_2) を通る直線を考えよう．

右図 1-9 のように，P (x, y) をとる．

△ACB ∽ △ADP

∴ $\dfrac{y_2 - y_1}{x_2 - x_1} = \dfrac{y - y_1}{x - x_1}$

∴ $y = \dfrac{y_2 - y_1}{x_2 - x_1}(x - x_1) + y_1$ ⑤

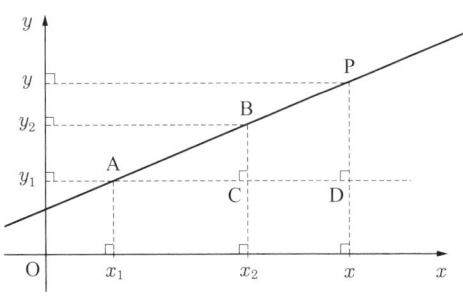

図 1-9

ここで，$\dfrac{y_2 - y_1}{x_2 - x_1} = a,\ -ax_1 + y_1 = b$ とおくと，⑤は次のようになる．
$$y = ax + b \qquad ⑥$$
よって，直線を表す関数は1次関数である．

■ **例2**（計算） 2点 $(1,\ 1),\ (3,\ -3)$ を通る直線の方程式を求めよ．
［解］ ⑤式から
$$y = -2x + 3 \qquad \blacksquare$$

〈2次関数のグラフ〉
$$y = ax^2 + bx + c \quad (a \neq 0) \qquad ⑦$$
のグラフは**放物線**と呼ばれ，物を投げたときに描く曲線である．

$y = x^2$ は2次関数の中で最も簡単な形で，グラフは右図 1-10 である．

このグラフの特徴は，$|x|$ が十分小さいときには x 軸に平行に近く，$|x|$ が十分大きいときは，y 軸に平行に近い図形である．また，
$$y = ax^2 + bx + c \quad (a \neq 0) \qquad ⑧$$

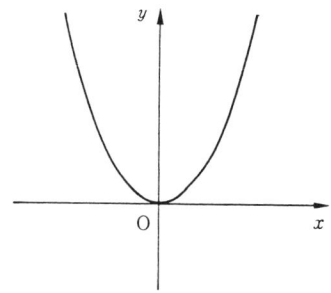

図 1-10

は，次の変形から，⑨式を得る．
$$ax^2 + bx + c = a\left(x^2 + \dfrac{b}{a}x\right) + c$$
$$= a\left\{x^2 + \dfrac{b}{a}x + \left(\dfrac{b}{2a}\right)^2 - \dfrac{b^2}{4a^2}\right\} + c$$
$$y = a\left(x + \dfrac{b}{2a}\right)^2 - \dfrac{b^2 - 4ac}{4a}$$
$$⑨$$

さらに,
$$p = -\frac{b}{2a}, \quad q = -\frac{b^2-4ac}{4a}$$
とおくと
$$y = a(x-p)^2 + q \qquad ⑩$$
$a > 0$ とすると, グラフは右図1-11となる.

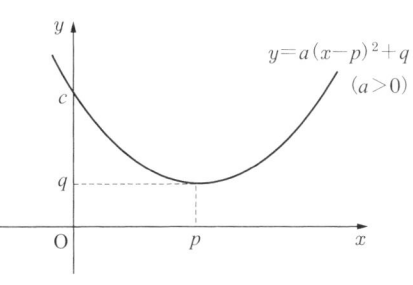

図1-11

■ **例3** $y = x^2 - 2x$ のグラフを描け. また, $y = x^2$ との位置関係を示せ.

[解] $y = 0$ (x軸) のとき, $x(x-2) = 0$ よって, 2点 $(0, 0), (2, 0)$ を通る. また, $y = (x-1)^2 - 1$ ∴ $y + 1 = (x-1)^2$ ここで, $x' = x - 1, y' = y + 1$ とおくと
$$y' = x'^2$$
よって, $y = x^2 - 2x$ のグラフは図1-12. また, $y = x^2$ のグラフを x 軸方向に 1 だけ, y 軸方向に -1 だけ平行移動すると, $y = x^2 - 2x$ のグラフである. ■

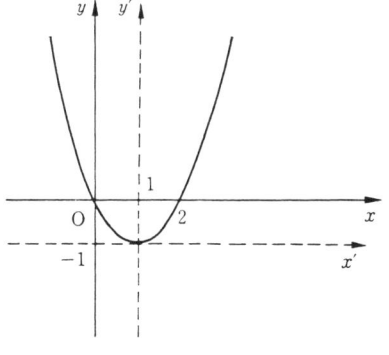

図1-12

この例3を一般化すると

定理1-1 関数 $y - q = f(x - p)$ のグラフは, $y = f(x)$ のグラフを x 軸方向に p だけ, y 軸方向に q だけ平行移動したものである.

[証明] $x' = x - p, y' = y - q$ とおくと,
$$y - q = f(x - p) \implies y' = f(x')$$
となるから, $y = f(x)$ のグラフを x 軸の正の方向に p, y 軸の正の方向に q だけ平行移動したものである. ■

〈円・無理関数・分数関数のグラフ〉

（ⅰ）**円**　原点から等距離 a にある点 (x, y) の描く図形が円であるから，それを示す方程式は次で示される．

$$x^2 + y^2 = a^2 \ (a > 0) \qquad ⑪$$

（ⅱ）**無理関数**　最も簡単な無理関数は

$$y = \sqrt{x} \qquad ⑫$$

である．これは $x \geqq 0$ であり，$y \geqq 0$ である．とにかく $\sqrt{f(x)}$ のときは，$f(x) \geqq 0$ の場合と約束しておく．⑫式の両辺を2乗すると，$y^2 = x$ であり，このとき，$x \geqq 0, y \geqq 0$ である．

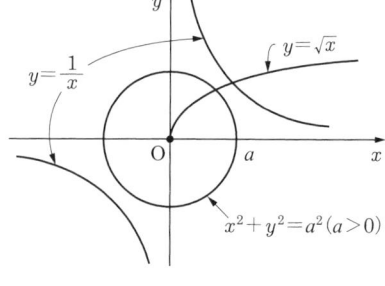

図 1-13

（ⅲ）**分数関数**　一般に，分数関数は1次分数関数 $y = \dfrac{ax+b}{cx+d} \ (c \neq 0)$ のことをいい，これは $y = \dfrac{k}{x-p} + q$ の形に変形できる．代表は

$$y = \dfrac{1}{x} \qquad ⑬$$

練習問題 1-2

A-1　次の各関数のグラフの概形を描け．

(1) $y = \dfrac{1}{2}x - 1$ 　　(2) $y = 2x^2$

(3) $y = |x|$

B-1　次の各関数のグラフの概形を描け．

(1) $y = \dfrac{3}{2x}$ 　　(2) $y = \sqrt{1-x^2}$

§3 指数関数

前節では，x^n の形の n 次関数を学んできたが，この節では，2^x, 3^x などの形の指数関数を扱う．ものごとの変化を表す場合に，指数関数は n 次関数で表せないほどの急激な変化を表すために必要な関数である．微積では，e^x の指数関数が，微分しやすいという点で重要である．

ある実数 a に対して，a の n 個の積を a^n で表し，a の **n 乗**という．特に，$a^1 = a$, $a^0 = 1$ である．

ある数 b で，$b^n = a$ となるとき，b を a の **n 乗根**といい，$b = a^{1/n}$ で表す．特に，2乗根を**平方根**といい，3乗根を**立方根**という．

例えば，9 の平方根は ± 3 であり，-8 の立方根は -2 である．
実数 x について，$x^2 \geqq 0$ から，$a^2 < 0$ となる実数 a は存在しない．

（1） a の n 乗根の n が偶数のとき

（ⅰ） $a > 0$ ならば，a の n 乗根は 2 つあり，その正の n 乗根を
$$\sqrt[n]{a} \quad \text{または} \quad a^{1/n}$$
と表し，他の負の n 乗根を
$$-\sqrt[n]{a} \quad \text{または} \quad -a^{1/n}$$

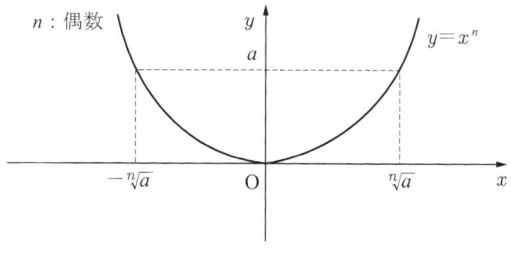

図 1-14

と表す.

(ii) $a < 0$ ならば, a の n 乗根は存在しない.

(2) a の n 乗根の n が奇数のとき

a の n 乗根はただ 1 つ存在し, それは

$$\sqrt[n]{a} \quad \text{または} \quad a^{1/n}$$

と表す.

特に, $\sqrt[2]{a} = a^{1/2} = \sqrt{a}$ と表し, ルート (root) a と読む.

また, 平方根, 立方根, 4 乗根, … の全体を累乗根という.

以下, 混乱を避けるために, $a > 0$ の場合のみを考えることにする.

さらに, 実数 p, $q\ (> 0)$ に対して,

$$a^{-p} = \frac{1}{a^p}$$

$$a^{p/q} = \sqrt[q]{a^p} = (\sqrt[q]{a})^p$$

と定義する.

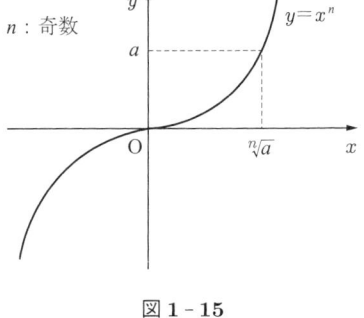

図 1 - 15

ここで, a^p の p を**指数**と呼ぶ.

次に, 計算のときに重要な指数法則をあげておく.

指数法則 $a > 0$, $b > 0$ と定数 p, q に対して,

(1) $a^p \cdot a^q = a^{p+q}$

(2) $a^{pq} = (a^p)^q = (a^q)^p$

(3) $(a \cdot b)^p = a^p \cdot b^p$

§3 指数関数

■ **例1**（計算） 次の各値を求めよ．

(1) $8^{2/3}$ (2) $27^{-2/3}$

(3) $128^{3/7}$ (4) $243^{-4/5}$

［解］ (1) $8^{2/3} = (\sqrt[3]{8})^2 = 2^2 = 4$

(2) $27^{-2/3} = \dfrac{1}{27^{2/3}} = \dfrac{1}{(27^{1/3})^2} = \dfrac{1}{3^2} = \dfrac{1}{9}$

(3) $128^{3/7} = (2^7)^{3/7} = 2^{7 \times (3/7)} = 2^3 = 8$

(4) $243^{-4/5} = \dfrac{1}{(243)^{4/5}} = \dfrac{1}{(3^5)^{4/5}} = \dfrac{1}{3^4} = \dfrac{1}{81}$ □

■ **例2**（計算） 次の各式を簡単にせよ．

(1) $\sqrt[3]{a^2} \cdot \sqrt[4]{a^3} \cdot \sqrt[6]{a^5}$ (2) $\sqrt[3]{a^5} \cdot \sqrt[6]{a\sqrt{a^3}}$

(3) $(a^{1/2} + b^{1/2})(a^{1/4} + b^{1/4})(a^{1/4} - b^{1/4})$

(4) $(a^{1/3} + b^{1/3})(a^{2/3} - a^{1/3} \cdot b^{1/3} + b^{2/3})$

［解］ (1) 与式 $= a^{2/3} \cdot a^{3/4} \cdot a^{5/6} = a^{2/3+3/4+5/6} = a^{17/12+5/6} = a^{27/12} = a^{9/4}$

(2) 与式 $= a^{5/3} \cdot (a \cdot a^{3/2})^{1/6} = a^{5/3} \cdot (a^{5/2})^{1/6} = a^{5/3+5/12} = a^{25/12}$

(3) 与式 $= (a^{1/2} + b^{1/2})(a^{1/2} - b^{1/2}) = a - b$

(4) 与式 $= (a^{1/3})^3 + (b^{1/3})^3 = a + b$ □

指数関数と呼ばれる関数を定義しよう．

a を $a \neq 1$ である正の定数とする．このとき，実数 x に対して，a^x を対応させる関数

$$y = a^x \quad (a > 0,\ a \neq 1)$$

を考える．

この関数 $y = a^x$ を **a を底とする指数関数**という．

この指数関数は，次の例3のように，$a = 2$ のとき，

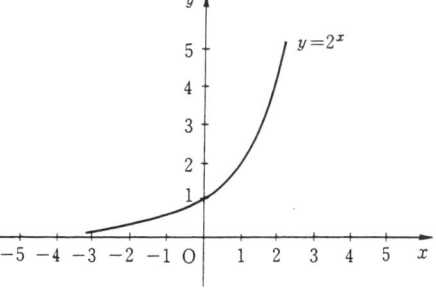

図 1 - 16

$2^1,\ 2^2,\ 2^3,\ 2^4,\ \cdots$

y の値は急に増大する．

■ **例3** $y = 2^x$ のグラフを描け．ただし，$\sqrt{2} = 1.4$ とする．

[解] 次の表から，図 1 - 16 のグラフが描ける．

x	$\cdots$	-2	$-\dfrac{3}{2}$	-1	$-\dfrac{1}{2}$	0	$\dfrac{1}{2}$	1	$\dfrac{3}{2}$	2	$\cdots$
y	$\cdots$	$\dfrac{1}{4}$	0.35	$\dfrac{1}{2}$	0.7	1	1.4	2	2.8	4	$\cdots$

■ **例4** $y = 2^x$ をもとにして，$y = \left(\dfrac{1}{2}\right)^x$ のグラフを描け．

[解] $\left(\dfrac{1}{2}\right)^x = 2^{-x}$．よって，$y = 2^x$ の x が $-x$ になると，$y = 2^{-x}$．よって，$y = 2^x$ と $y = 2^{-x}$ のグラフは y 軸対称である．よって，グラフは右図 1 - 17．　■

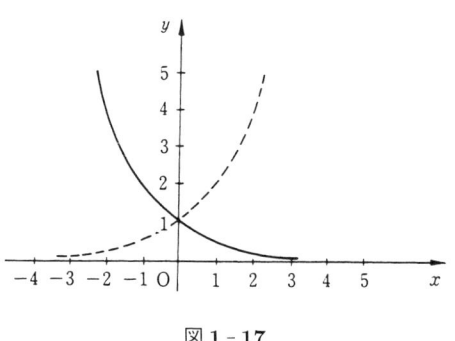

図 1 - 17

関数 $y = f(x)$ について，

$$x_1 < x_2 \quad \text{ならば} \quad f(x_1) < f(x_2) \qquad ①$$

であるとき，$y = f(x)$ は **増加関数** であるという．

$$x_1 < x_2 \quad \text{ならば} \quad f(x_1) > f(x_2) \qquad ②$$

であるとき，$y = f(x)$ は **減少関数** であるという．

$y = a^x$ は，$a > 1$ のとき増加関数で，$0 < a < 1$ のとき減少関数である．

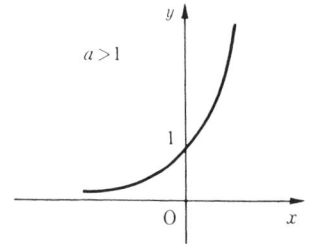 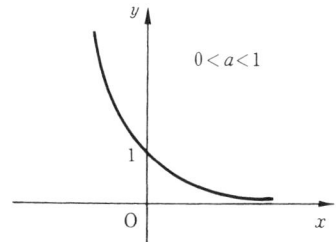

図 1 - 18

前のグラフから，$y = a^x$ ($a > 0$, $a \neq 1$) は y が定まるとき，その y に対応する x がただ 1 つ定まることがわかる．

よって，$a \neq 1$ である正の数 a に対して，次の関係が成り立つ．
$$a^p = a^q \iff p = q \qquad ③$$

■ 例 5（計算） 次の 3 つの数の大小を比較せよ．
$$\sqrt{10}, \quad \sqrt[3]{100}, \quad \sqrt[4]{1000}$$

[解] $\sqrt{10} = 10^{1/2}$, $\sqrt[3]{100} = 10^{2/3}$, $\sqrt[4]{1000} = 10^{3/4}$ であるから $10 > 1$ と，$\dfrac{1}{2} < \dfrac{2}{3} < \dfrac{3}{4}$ から，$\sqrt{10} < \sqrt[3]{100} < \sqrt[4]{1000}$ ■

■ 例 6（計算） 次の各方程式を解け．

(1) $2^x = \dfrac{1}{64}$ \qquad (2) $3^{2x} - 4 \cdot 3^x + 3 = 0$

[解] (1) $\dfrac{1}{64} = \dfrac{1}{2^6} = 2^{-6}$ $\quad \therefore \quad 2^x = 2^{-6}$ よって，③式から，$x = -6$

(2) 与方程式は，$(3^x)^2 - 4 \cdot 3^x + 3 = 0$
$\quad \therefore \quad (3^x - 3)(3^x - 1) = 0 \quad \therefore \quad 3^x = 3^1, \ 1(= 3^0)$
$\quad \therefore \quad x = 1, \ 0$ ■

■ 例7（計算） 次の各不等式を解け.

(1) $3^x < \dfrac{1}{3}$ (2) $2 \cdot 4^x + 3 \cdot 2^x - 2 < 0$

［解］ (1) $\dfrac{1}{3} = 3^{-1}$ ∴ $3^x < 3^{-1}$ よって, $3 > 1$ から, $x < -1$

(2) $2 \cdot (2^x)^2 + 3 \cdot 2^x - 2 < 0$ ∴ $(2 \cdot 2^x - 1)(2^x + 2) < 0$
ここで, $2^x > 0$ から, $2^x + 2 > 0$ ∴ $2 \cdot 2^x - 1 < 0$
∴ $2^x < 2^{-1}$ よって, $2 > 1$ から, $x < -1$ □

さて, 微積を中から育てたといわれる**ネピアの数** e $(= 2.71\cdots)$ を導入しよう. なお, 急ぐ場合は結果（ネピアの数）(18頁) だけ覚えておくようにすると良い.

準備として, まず $\sum$ （シグマ）の記号を説明しよう.

数列 $\{a_n\}$ に対し, その初項 a_1 から第 n 項 a_n までの和 $a_1 + \cdots + a_n$ を**級数**といい, 記号 $\sum_{k=1}^{n} a_k$ で表す. すなわち,

$$a_1 + a_2 + \cdots + a_n = \sum_{k=1}^{n} a_k$$

■ 例8 次の公式を示せ.
$$\sum_{k=1}^{n} k = 1 + 2 + \cdots + n = \dfrac{n(n+1)}{2}$$

［解］ $\sum_{k=1}^{n} k = 1 + 2 + \cdots + (n-1) + n = n + (n-1) + \cdots + 2 + 1$

∴ $2\sum_{k=1}^{n} k = (n+1) + \{2 + (n-1)\} + \cdots + \{(n-1) + 2\} + (n+1)$

∴ $2\sum_{k=1}^{n} k = n(n+1)$ ∴ $\sum_{k=1}^{n} k = \dfrac{n(n+1)}{2}$ □

相異なる n 個のものから，r 個を取り出して 1 列に並べることを，n 個のものから r 個とる**順列**といい，その総数を ${}_nP_r$ で表すと，次の等式が成り立つ．
$$
{}_nP_r = n(n-1)\cdots(n-r+1)
$$
また，相異なる n 個の中から，r 個をとるとり方を，n 個のものから r 個とる**組合せ**といい，その総数を ${}_nC_r$ で表すと，次の等式が成り立つ．
$$
{}_nC_r = \frac{{}_nP_r}{r!} = \frac{n(n-1)\cdots(n-r+1)}{r!} = \frac{n!}{r!(n-r)!}
$$
ここで，$n! = n(n-1)\cdots 3\cdot 2\cdot 1$．
特に，$0! = 1$ と約束する．

■ **例 9**（計算） 20 人の中から 3 人の委員を選出する方法は何通りあるか．

[解] ${}_{20}C_3 = \dfrac{{}_{20}P_3}{3!} = \dfrac{20\cdot 19\cdot 18}{3\cdot 2\cdot 1} = 1140$ □

これらの記号を使って表される，二項定理
$$
(a+b)^n = {}_nC_0 a^n + {}_nC_1 a^{n-1}b + \cdots + {}_nC_n b^n = \sum_{k=0}^{n} {}_nC_k a^{n-k}b^k
$$
は常に成り立っている．この証明は省略する．このとき，
$$
\left(1+\frac{1}{n}\right)^n = 1 + {}_nC_1\left(\frac{1}{n}\right) + {}_nC_2\left(\frac{1}{n}\right)^2 + \cdots + {}_nC_n\left(\frac{1}{n}\right)^n
$$
$$
\left(1+\frac{1}{n+1}\right)^{n+1} = 1 + {}_{n+1}C_1\left(\frac{1}{n+1}\right) + {}_{n+1}C_2\left(\frac{1}{n+1}\right)^2 + \cdots
$$
$$
+ {}_{n+1}C_n\left(\frac{1}{n+1}\right)^n + {}_{n+1}C_{n+1}\left(\frac{1}{n+1}\right)^{n+1}
$$
この 2 つの式で，最初から対応する項を順次比較すると下の方が等しいか大きく，下の方は最後の項が，1 つ余分でそれが正である．よって，
$$
\left(1+\frac{1}{n}\right)^n < \left(1+\frac{1}{n+1}\right)^{n+1} \quad \text{（単調増加）} \tag{④}
$$

$$\left(1+\frac{1}{n}\right)^n = 1 + {}_nC_1\left(\frac{1}{n}\right) + {}_nC_2\left(\frac{1}{n}\right)^2 + {}_nC_3\left(\frac{1}{n}\right)^3 + \cdots + {}_nC_n\left(\frac{1}{n}\right)^n$$
$$< 1 + 1 \quad + 1/2! \quad + 1/3! \quad + \cdots + 1/n!$$
$$< 1 + 1 \quad + 1/2 \quad + 1/2^2 \quad + \cdots + 1/2^{n-1} < 3$$
$$\therefore \quad \left(1+\frac{1}{n}\right)^n < 3 \quad (\text{有界}) \tag{5}$$

よって，④と⑤から $\displaystyle\lim_{n\to\infty}\left(1+\frac{1}{n}\right)^n$ が存在する．この値を $e\,(=2.71\cdots)$ と書いて，**ネピアの数**という．すなわち，

$$\lim_{n\to\infty}\left(1+\frac{1}{n}\right)^n = e = 2.71\cdots \tag{6}$$

さらに，実数 x に対しても

$$\lim_{x\to\pm\infty}\left(1+\frac{1}{x}\right)^x = e \tag{7}$$

が得られる．

よって，$t = 1/x$ とおくと，

$$\lim_{t\to 0}(1+t)^{1/t} = e \tag{8}$$

も得られる．

微積では，この $e = 2.71\cdots$ を底とした指数関数

$$y = e^x \tag{9}$$

が登場して，活躍してくれる．

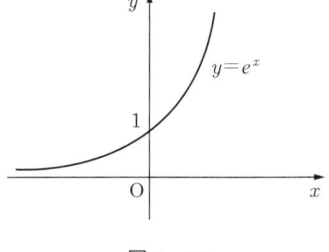

図 1-19

練習問題 1-3

A-1 次の各式を簡単にせよ．ただし，$a > 0$ とする．

(1) $\sqrt{a^3} \cdot \sqrt{a^5}$ 　　　　(2) $\dfrac{\sqrt[3]{a^7}}{\sqrt[3]{a}}$

A-2 2つの関数 $y = 3^x$ と $y = 3^{-x}$ のグラフの概形を描け．

A-3 次の方程式と不等式を解け．

(1) $\left(\dfrac{1}{2}\right)^x = \sqrt[3]{4}$ \qquad (2) $2^{x-1} > 4$

B-1 次の各式を簡単にせよ．ただし，$a > 0$ とする．

(1) $\sqrt[4]{a^3} \cdot \sqrt[3]{a^2 \cdot \sqrt{a}}$ \qquad (2) $\dfrac{\sqrt[3]{a}}{\sqrt[6]{a^5}}$

B-2 次の方程式と不等式を解け．

(1) $2^{2x+1} + 3 \cdot 2^x - 2 = 0$ \qquad (2) $3^{2x+1} + 2 \cdot 3^x - 1 < 0$

B-3 次の各関係式が成り立つことを示せ．

(1) $\displaystyle\lim_{x \to \infty} \left(1 + \dfrac{1}{x}\right)^x = e$

(2) $\displaystyle\lim_{x \to -\infty} \left(1 + \dfrac{1}{x}\right)^x = e$

§4 対数関数

対数関数のグラフは §3 の指数関数のグラフと同様に単調増加または単調減少で，しかも $y = x$ に対称なグラフである．また，対数関数は指数関数と比べてなじみにくいが，グラフを思い浮かべながら慣れるとよい．

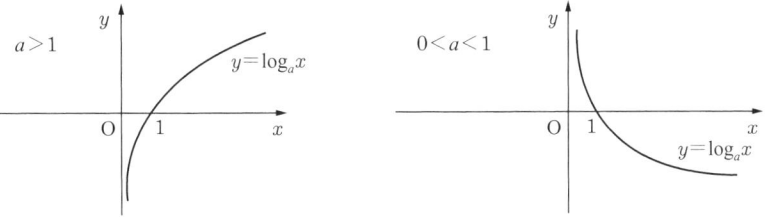

図 1-20

さて，対数の説明に入ろう．

関数 $y = 2^x$ は増加関数であるから，任意の正の値 c に対して，

$$c = 2^x \qquad \qquad \text{①}$$

をみたす x がただ1つ定まる．それを b とすると関数式
$$c = 2^b \qquad ②$$
をみたす．この b を記号で
$$b = \log_2 c \qquad ③$$
と表すことにする．

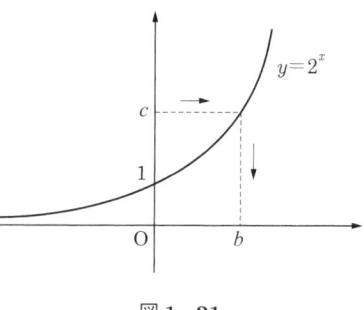

図 1-21

一般に，$a > 0, a \neq 1$ である a と，$c > 0$ なる c に対して
$$c = a^b \quad (a > 0, a \neq 1) \qquad ④$$
をみたす b はただ1つ存在するから，この b を
$$b = \log_a c \quad (a > 0, a \neq 1, c > 0) \qquad ⑤$$
と表し，a を**底**といい，$\log_a c$ を $\boldsymbol{a}$ **を底とする対数**という．この c を**真数**という．このとき，④と⑤は同値（数学的には同じ）である．すなわち，
$$b = \log_a c \iff c = a^b \quad (a > 0, a \neq 1, c > 0) \qquad ⑥$$

■ **例1**（計算） 次の各関係式を指数は対数に，対数は指数に直せ．

(1) $9^{1/2} = 3$ \qquad (2) $\log_{1/2} 8 = -3$

［解］ (1) $\dfrac{1}{2} = \log_9 3$ \qquad (2) $\left(\dfrac{1}{2}\right)^{-3} = 8$ ■

以後，$\log_a c$ と表されているとき，

　　　底の条件：$a > 0, a \neq 1$
　　　真数条件：$c > 0$

は仮定されているものとする．

―――――――― 基本公式：覚えておこう ――――

定理 1-3 正の数 M, N と実数 u に対して，次の各関係式が成り立つ．

(1) $\log_a MN = \log_a M + \log_a N$

(2) $\log_a \dfrac{M}{N} = \log_a M - \log_a N$

(3) $\log_a M^u = u \log_a M$

[証明] (1) $\log_a M = s$, $\log_a N = t$ とおくと, $M = a^s$, $N = a^t$
$\therefore MN = a^s \cdot a^t \qquad \therefore MN = a^{s+t}$
よって, ⑥式から, $\log_a MN = s + t \quad \therefore \quad \log_a MN = \log_a M + \log_a N$

(2) 再び, $\log_a M = s$, $\log_a N = t$ とおくと, $M = a^s$, $N = a^t$
$\therefore \dfrac{M}{N} = \dfrac{a^s}{a^t} = a^{s-t} \quad \therefore \log_a \dfrac{M}{N} = s - t \quad \therefore \log_a \dfrac{M}{N} = \log_a M - \log_a N$

(3) $\log_a M = s$ とおくと, $M = a^s \quad \therefore \quad M^u = (a^s)^u = a^{su}$
$\therefore \log_a M^u = us \quad \therefore \log_a M^u = u \log_a M$ □

■ 例 2 (計算)　次の各式の値を求めよ.

(1) $\log_a a \quad (a > 0,\ a \neq 1)$　　(2) $2 \log_2 \dfrac{8}{3} + \log_2 36$

[解] (1) $a^1 = a$　これに⑥式を適用すると, $\log_a a = 1$

(2) 与式 $= 2(\log_2 2^3 - \log_2 3) + (\log_2 2^2 + \log_2 3^2)$
$= 2(3 \log_2 2 - \log_2 3) + (2 \log_2 2 + 2 \log_2 3) = 8$ □

―――――― 基本公式：覚えておこう ――――――

定理 1-4 （底の変換公式）　$a > 0,\ a \neq 1,\ b > 0$ とする.
このとき, $m > 0,\ m \neq 1$ なる数 m に対して,
$$\log_a b = \dfrac{\log_m b}{\log_m a}$$
が成り立つ.

[証明] $\log_a b = c$ とすると, ⑥式から,
$\quad a^c = b$
この両辺に m を底とする対数を考えると,

$$\log_m a^c = \log_m b \qquad \therefore \quad c\log_m a = \log_m b$$
$$\therefore \quad c = \frac{\log_m b}{\log_m a} \qquad \therefore \quad \log_a b = \frac{\log_m b}{\log_m a} \quad (\because \quad c = \log_a b) \qquad \blacksquare$$

■ **例3**（計算） 次の各式の値を求めよ．
(1) $\log_2 9 + \log_4 9$ 　　　　(2) $\log_a b \cdot \log_b c \cdot \log_c a$

［解］ (1) 与式 $= \log_2 3^2 + \dfrac{\log_2 3^2}{\log_2 2^2} = 2\log_2 3 + \dfrac{\log_2 3}{\log_2 2} = 3\log_2 3$

(2) $\log_b c = \dfrac{\log_a c}{\log_a b}, \quad \log_c a = \dfrac{\log_a a}{\log_a c} = \dfrac{1}{\log_a c}$

$\therefore$ 与式 $= \log_a b \cdot \dfrac{\log_a c}{\log_a b} \cdot \dfrac{1}{\log_a c} = 1$

$\therefore \quad \log_a b \cdot \log_b c \cdot \log_c a = 1 \qquad \blacksquare$

さて，$x = a^y (a > 0, a \neq 1)$ について，定義式⑥から，対数を用いて表すと，
$$x = a^y \iff y = \log_a x \ (a > 0, a \neq 1)$$
この関数 $y = \log_a x$ を **a を底とする対数関数** という．

特に，$\log_a 1 = 0$ と $\log_a a = 1$ はみたしている．

微積に登場する対数は，ネピアの数 e を底とする対数で，
$$y = \log_e x = \log x \quad (e は省略される)$$
これは，**自然対数** と呼ばれている．$\log_{10} x$ は **常用対数** と呼ばれている．

このとき，$\log 1 = 0, \ \log e = 1$ である．

一般に，関数 $y = f(x)$ が，x について，$x = f^{-1}(y)$ と解けて，x と y を入れ換えると，関数 $y = f^{-1}(x)$ が得られる．この関数 $y = f^{-1}(x)$ は $y = f(x)$ の **逆関数** と呼ばれる．$a > 0, a \neq 1$ なる a に対して，次の逆関数の関係は

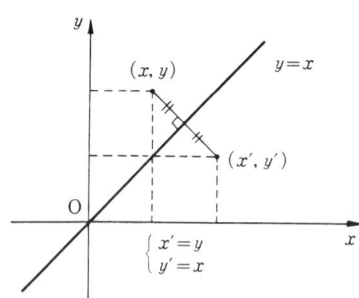

図 1-22

$y = a^x \iff$ 逆関数 $\implies y = \log_a x$

$y = e^x \iff$ 逆関数 $\implies y = \log x$

本質的には, 逆関数は x と y を入れ換えただけである. よって, $y = f(x)$ のグラフと $y = f^{-1}(x)$ のグラフは, $y = x$ に関して対称である.

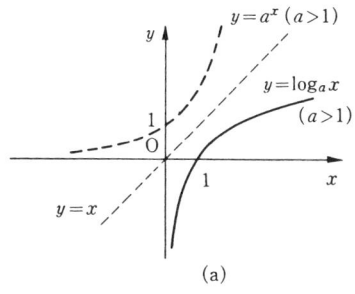
(a)

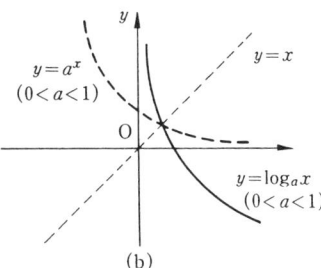
(b)

図 1 - 23

よって, $y = \log_a x$ のグラフは図 1 - 23 のようになる.

特に, $y = \log x$ のグラフは, $a = e(= 2.71\cdots)$ の場合である.

また, グラフからわかるように,

(Ⅰ) $a > 1$ のとき, $y = \log_a x$ は増加関数である.

(Ⅱ) $0 < a < 1$ のとき, $y = \log_a x$ は減少関数である.

■ 例 4 (計算)　次の各対数方程式を解け.

(1)　$\log_2 x + \log_2 (x-3) = 2$

(2)　$(\log_3 x)^2 - \log_3 x^2 - 3 = 0$

[解]　(1)　真数条件：$x > 0$, $x - 3 > 0$. よって, $x > 3$

与方程式は, $\log_2 x(x-3) = 2$　∴　$x(x-3) = 2^2$　∴　$x^2 - 3x - 4 = 0$

　　　　　∴　$(x+1)(x-4) = 0$　　∴　$x = -1, 4$

　　　　　∴　$x = 4$ (∵ 真数条件 $x > 3$)

(2)　真数条件：$x > 0$　∴　与方程式：$(\log_3 x + 1)(\log_3 x - 3) = 0$

　　　　　∴　$\log_3 x = -1, 3$　　∴　$x = 3^{-1}, 3^3$

■ 例 5 (計算)　不等式 $\log_a x > b$ をみたす x の範囲を求めよ.

24　第1章　関　数

[解]　$b = b\log_a a = \log_a a^b$　∴　$\log_a x > b \iff \log_a x > \log_a a^b$

(ⅰ)　$a > 1$ のとき，$y = \log_a x$ は増加関数であるから，
$$x > a^b$$

(ⅱ)　$0 < a < 1$ のとき，$y = \log_a x$ は減少関数であるから，真性条件に注意すると，
$$0 < x < a^b$$　　■

■ **例6**（計算）　次の各対数不等式を解け．

(1)　$\log_3 x + \log_3 (4-x) > 1$

(2)　$\log_{1/2} x - \log_{1/2} (1-x) > -2$

[解]　(1)　真数条件：$x > 0, 4-x > 0$　∴　$0 < x < 4$
与方程式は，
$$\log_3 x(4-x) > \log_3 3$$
底 $3 > 1$ から，$y = \log_3 x$ は増加関数である．よって，
　　　∴　$x(4-x) > 3$　∴　$(x-1)(x-3) < 0$　∴　$1 < x < 3$
よって，真数条件：$0 < x < 4$ とあわせて，求める解は，$1 < x < 3$

(2)　真数条件：$x > 0, 1-x > 0$　∴　$0 < x < 1$
$$\log_{1/2} x > \log_{1/2}(1-x) + \log_{1/2} \left(\frac{1}{2}\right)^{-2}$$
$$\therefore \quad \log_{1/2} x > \log_{1/2} 4(1-x)$$
底 $1/2 < 1$ から，$y = \log_{1/2} x$ は減少関数である．よって，$x < 4(1-x)$

∴　$x < \dfrac{4}{5}$　真数条件：$0 < x < 1$ とあわせて，求める解は，$0 < x < \dfrac{4}{5}$　　■

練習問題 1-4

A-1　次の各式の値を求めよ．
　(1)　$\log_2 24 - 2\log_4 12$　　　　　(2)　$\log_3 9 - 2\log_9 27$

A-2　次の各方程式を解け．
　(1)　$\log_2 x = 3$　　　　　　　　　(2)　$\log_3 (1-x) = 2$

A-3　次の各不等式を解け．
　(1)　$\log_2 (x+1) < 3$　　　　　　　(2)　$\log_3 (2-x) \leqq 1$

B-1　次の各式の値を求めよ．

(1) $\dfrac{1}{2}\log_2 12 + \log_{1/4} 6 + \log_4 24$ (2) $\dfrac{1}{\log_2 3 \cdot \log_3 4} + \dfrac{1}{\log_4 5 \cdot \log_5 2}$

B-2 次の各方程式を求めよ．

(1) $2\log_2(x-1) + 2\log_4 x = 1$

(2) $4(\log_2 x)^2 - 12\log_8 x + 1 = 0$

B-3 次の各不等式を解け．

(1) $\log_2(x+1) - 2\log_4(2-x) > 3$

(2) $\log_{1/3}(x-1) + \log_3(x+1) < 2$

§5 三角関数

> 三角関数の特徴は周期があることである．周期とは一定間隔で同じことをくり返すことで,「リズム」や「パターン」といった言葉がよく使われるのは周期的なものがみちあふれているからである．この節ではこれらを科学的に解明するのに大事な三角関数を学ぶ．

まず，$y = \sin x$（図 1 - 24）

$y = \cos x$（図 1 - 25）

$y = \tan x$（図 1 - 26）

のグラフを頭に入れておこう．

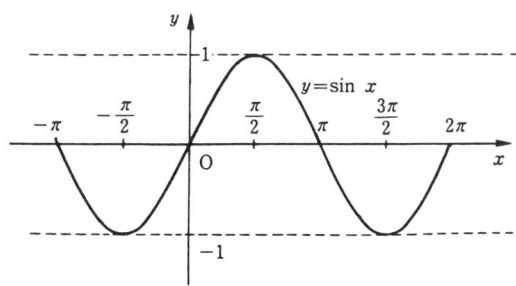

図 1 - 24

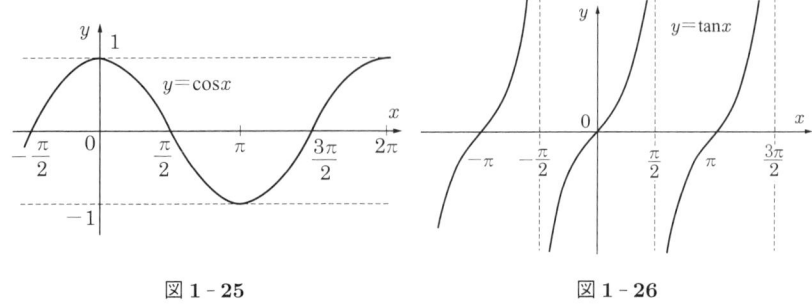

図1-25　　　　　　　　　　　図1-26

（1） 弧 度 法

　角度360°を半径1の円周の長さ2πに対応させて，単位を**ラジアン**とする．このような角を長さで表す方法を**弧度法**という．すなわち，半径1の円で，中心角がθラジアンのときの弧の長さがθであることである．（ラジアンとは「半径」radius からきている）

$$360° = 2\pi \text{ラジアン}, \quad 1° = \left(\frac{\pi}{180}\right)^{\text{ラジアン}}, \quad 1\text{ラジアン} = \left(\frac{180}{\pi}\right)°$$

通常「ラジアン」という単位は省略され，πラジアンを単にπという．
角度とラジアンの対応をまとめると，次の表のようになる．

度	…	$-360°$	$-180°$	$-60°$	0	30°	45°	90°	270°	540°	…
ラジアン	…	-2π	$-\pi$	$-\dfrac{\pi}{3}$	0	$\dfrac{\pi}{6}$	$\dfrac{\pi}{4}$	$\dfrac{\pi}{2}$	$\dfrac{3\pi}{2}$	3π	…

■ **例1**（計算）　半径がrの円で，中心角がθである弧の長さをlとし，そのときの扇形の面積をSとする．このとき，lとSをθとrで表せ．

［解］弧の長さは中心角に比例するから，

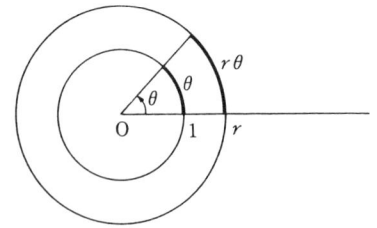

図1-27

$$2\pi : \theta = 2\pi r : l \quad \therefore \quad l = r\theta$$

扇形の面積は中心角に比例するから，
$$2\pi : \theta = \pi r^2 : S$$
$$\therefore \quad S = \frac{1}{2}r^2\theta \qquad \blacksquare$$

――― 角度の単位に弧度法を使う理由 ―――

弧度法で，x ラジアンというのは，半径 1 の円において，弧の長さ x に対応する中心角の大きさを示している．

いま，$x > 0$ として，x の値が十分小さいときは，
$$\sin x \fallingdotseq x \qquad ⓐ$$
となる．これは右図から理解できる．この性質は，微積では重要である．

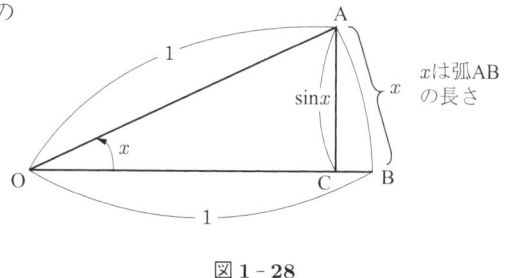

図 1-28

ⓐ 式の左辺は三角形の辺 AC の長さで，ⓐ 式の右辺は弧 AB の長さである．角度 x の単位はラジアンであって，「度」(°) では ⓐ 式は成り立たない．

500 年ぐらい前にガリレイ・ガリレオが示した「振り子の等時性」は，x が十分小さいときの ⓐ 式によるものである．

（2）三 角 比

図 1-29 のように，xy 平面上の原点 O を中心とする単位円周上に点 P(x, y) をとる．線分 OP が x 軸となす角を θ とする．このとき，θ は P が円周上を内部を左に見て進む方向（左向き）に測った角度を正の角度とする．

特に，$0 < \theta < \pi/2 \, (= 90°)$ のとき，直角三角形 OAP について，

$$\sin\theta = \frac{高さ}{斜辺} = y \quad ①$$

$$\cos\theta = \frac{底辺}{斜辺} = x \quad ②$$

$$\tan\theta = \frac{高さ}{底辺} = \frac{y}{x} \quad ③$$

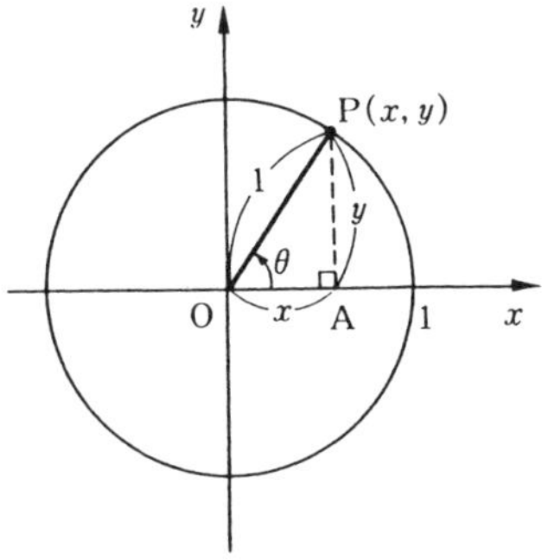

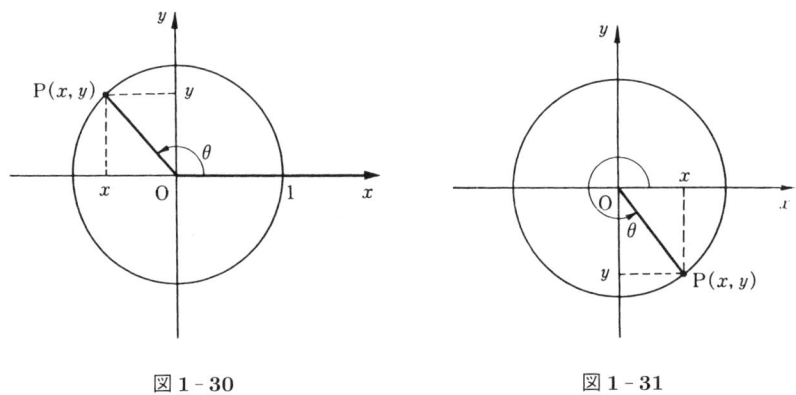

図 1-29

図 1-30　　　　　　　図 1-31

によって，sin（サイン，正弦），cos（コサイン，余弦），tan（タンジェント，正接）を定める．

一般に，θ が一般角（$0 < \theta < \pi/2$ とは限らない）の場合にも，①，②，③を拡張して，次の④，⑤，⑥で定義する．

$$\sin\theta = y \qquad ④$$
$$\cos\theta = x \qquad ⑤$$
$$\tan\theta = \frac{y}{x}\,(x \neq 0) \qquad ⑥$$

■ **例2**（計算）　$\theta = 4\pi/3$ のとき，$\sin\theta$, $\cos\theta$, $\tan\theta$ の値を求めよ．

[解]　$\sin\dfrac{4\pi}{3} = -\dfrac{\sqrt{3}}{2}$,　$\cos\dfrac{4\pi}{3} = -\dfrac{1}{2}$,　$\tan\dfrac{4\pi}{3} = \sqrt{3}$　　■

（3）sin, cos, tan の性質

角 θ を表す単位円周上の点を $P(x, y)$ とし，$-\theta$ を表す単位円周上の点を Q とすると，$Q(x, -y)$ である．よって，

$$\sin(-\theta) = -\sin\theta \qquad ⑦$$
$$\cos(-\theta) = \cos\theta \qquad ⑧$$

また，直角三角形 ORP について，三平方の定理

$$RP^2 + OR^2 = OP^2$$

となる．よって，$x = \cos\theta$, $y = \sin\theta$, $OP = 1$ を代入すると

$$\boldsymbol{\sin^2\theta + \cos^2\theta = 1} \qquad ⑨$$

という公式を得る．ここで，$(\sin\theta)^2$ と $\sin\theta^2$ を区別するために，$(\sin\theta)^2$ を $\sin^2\theta$ と表し，$(\cos\theta)^2 = \cos^2\theta$, $(\tan\theta)^2 = \tan^2\theta$ などと表す．

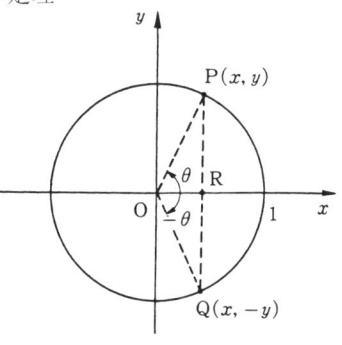

図 1 - 32

■ **例 3**（計算）　$\sin\theta = \dfrac{1}{3}\left(\dfrac{\pi}{2} < \theta < \pi\right)$ のとき，$\cos\theta$ の値を求めよ．

[解]　$\pi/2 < \theta < \pi$ のとき，$\cos\theta < 0$ であるから，公式⑨によって，

$$\cos\theta = -\sqrt{1 - \sin^2\theta}$$
$$= -\sqrt{1 - \dfrac{1}{9}}$$
$$= -\dfrac{2\sqrt{2}}{3} \qquad ■$$

2 つの角 α, β を表す単位円周上の点をそれぞれ P, Q とする．P, Q の座標

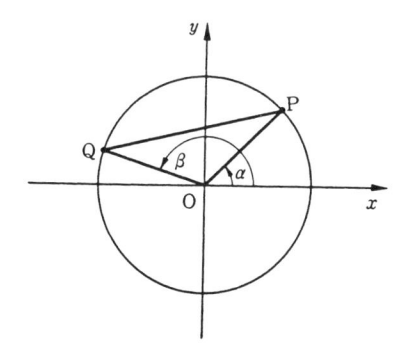

図 1 - 33

はそれぞれ
$$P(\cos\alpha, \sin\alpha), \ Q(\cos\beta, \sin\beta)$$
このとき，△OPQ に余弦定理を適用すると，
$$PQ^2 = OP^2 + OQ^2 - 2OP \cdot OQ \cos(\beta - \alpha) \qquad ⑩$$
が成り立つ．2点 P, Q の間の距離は三平方の定理から
$$PQ^2 = (\cos\alpha - \cos\beta)^2 + (\sin\alpha - \sin\beta)^2$$
$$\therefore \ PQ^2 = 2 - 2(\cos\alpha\cos\beta + \sin\alpha\sin\beta) \qquad ⑪$$
一方，OP = OQ = 1 から⑩式と⑪式によって，
$$\boldsymbol{\cos(\alpha - \beta) = \cos\alpha\cos\beta + \sin\alpha\sin\beta} \qquad ⑫$$
を得る．ここで，β を $-\beta$ と置き換えると，⑦式と⑧式から
$$\boldsymbol{\cos(\alpha + \beta) = \cos\alpha\cos\beta - \sin\alpha\sin\beta} \qquad ⑬$$
が得られる．

⑫式に，$\alpha = \pi/2, \beta = \theta$ を代入すると，$\cos(\pi/2 - \theta) = \sin\theta$．よって，
$$\begin{aligned}\sin(\alpha + \beta) &= \cos(\pi/2 - (\alpha + \beta)) \\ &= \cos((\pi/2 - \alpha) - \beta) \\ &= \cos(\pi/2 - \alpha)\cos\beta \\ &\quad + \sin(\pi/2 - \alpha)\sin\beta \\ &= \sin\alpha\cos\beta + \cos\alpha\sin\beta\end{aligned}$$

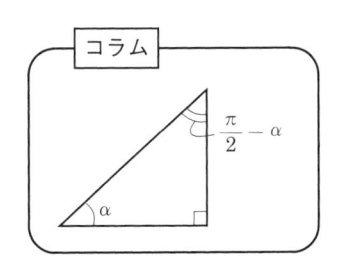

$$\therefore \ \boldsymbol{\sin(\alpha + \beta) = \sin\alpha\cos\beta + \cos\alpha\sin\beta} \qquad ⑭$$
$$\therefore \ \boldsymbol{\sin(\alpha - \beta) = \sin\alpha\cos\beta - \cos\alpha\sin\beta} \qquad ⑮$$

また，tan の定義から
$$\tan(\alpha + \beta) = \frac{\sin(\alpha + \beta)}{\cos(\alpha + \beta)} = \frac{\sin\alpha\cos\beta + \cos\alpha\sin\beta}{\cos\alpha\cos\beta - \sin\alpha\sin\beta}$$
この右辺の分子と分母を $\cos\alpha\cos\beta$ で割ると，
$$\tan(\alpha \pm \beta) = \frac{\tan\alpha \pm \tan\beta}{1 \mp \tan\alpha\tan\beta} \quad \left(\text{複号同順} \quad \begin{array}{l} \cos\alpha\cos\beta \neq 0 \\ \tan\alpha\tan\beta \neq \pm 1 \end{array}\right)$$
$$⑯$$

以上まとめて，

> **定理 1-5（基本的性質）**
> (1) $\sin^2\theta + \cos^2\theta = 1$
> (2) $\sin(-\theta) = -\sin\theta,\quad \cos(-\theta) = \cos\theta,\quad \tan(-\theta) = -\tan\theta$

> **定理 1-6（加法定理）**
> (1) $\sin(\alpha \pm \beta) = \sin\alpha\cos\beta \pm \cos\alpha\sin\beta$ （複号同順）
> (2) $\cos(\alpha \pm \beta) = \cos\alpha\cos\beta \mp \sin\alpha\sin\beta$ （複号同順）
> (3) $\tan(\alpha \pm \beta) = \dfrac{\tan\alpha \pm \tan\beta}{1 \mp \tan\alpha\tan\beta}$ $\left(\text{複号同順}\quad \begin{array}{l}\cos\alpha\cos\beta \neq 0\\ \tan\alpha\tan\beta \neq \pm 1\end{array}\right)$

■ **例 4** 次の各等式を加法定理を用いて示せ．

(1) $\cos\theta = \sin(\theta + \pi/2)$ 　　(2) $\sin\theta = -\cos(\theta + \pi/2)$

(3) $\cos\theta = \sin(\pi/2 - \theta)$ 　　(4) $\sin\theta = \cos(\pi/2 - \theta)$

［解］(1) 右辺 $= \sin\theta\cos\pi/2 + \cos\theta\sin\pi/2 = \cos\theta =$ 左辺

(2) 右辺 $= -(\cos\theta\cos\pi/2 - \sin\theta\sin\pi/2) = \sin\theta =$ 左辺

(3) 右辺 $= \sin\pi/2\cos\theta - \cos\pi/2\sin\theta = \cos\theta =$ 左辺

(4) 右辺 $= \cos\pi/2\cos\theta + \sin\pi/2\sin\theta = \sin\theta =$ 左辺　　□

■ **例 5（計算）** 次の各値を求めよ．

(1) $\cos\dfrac{\pi}{12}$ 　　(2) $\sin\dfrac{\pi}{12}$

［解］(1) 与式 $= \cos\left(\dfrac{\pi}{4} - \dfrac{\pi}{6}\right) = \cos\dfrac{\pi}{4}\cos\dfrac{\pi}{6} + \sin\dfrac{\pi}{4}\sin\dfrac{\pi}{6} = \dfrac{\sqrt{6}+\sqrt{2}}{4}$

(2) 与式 $= \sin\left(\dfrac{\pi}{4} - \dfrac{\pi}{6}\right) = \sin\dfrac{\pi}{4}\cos\dfrac{\pi}{6} - \cos\dfrac{\pi}{4}\sin\dfrac{\pi}{6} = \dfrac{\sqrt{6}-\sqrt{2}}{4}$　　□

■ **例 6** 次の各等式を証明せよ．この公式を **2 倍角の公式** という．

(1) $\sin 2\alpha = 2\sin\alpha\cos\alpha$

(2) $\cos 2\alpha = \cos^2\alpha - \sin^2\alpha = 2\cos^2\alpha - 1 = 1 - 2\sin^2\alpha$

(3) $\tan 2\alpha = \dfrac{2\tan\alpha}{1-\tan^2\alpha}$ $(\tan\alpha \neq \pm 1)$

[解] 定理 1-6 における公式において，符号 + の場合で，$\beta = \alpha$ とおく． ■

■ 例7 次の各等式を証明せよ．この公式を **3倍角の公式** という．

(1) $\sin 3\alpha = 3\sin\alpha - 4\sin^3\alpha$

(2) $\cos 3\alpha = -3\cos\alpha + 4\cos^3\alpha$

[解] (1) $\sin 3\alpha = \sin(2\alpha + \alpha)$
$= \sin 2\alpha \cos\alpha + \cos 2\alpha \sin\alpha$
$= 2\sin\alpha\cos^2\alpha + (\cos^2\alpha - \sin^2\alpha)\sin\alpha$
$= 3\sin\alpha\cos^2\alpha - \sin^3\alpha = 3\sin\alpha(1-\sin^2\alpha) - \sin^3\alpha$
$= 3\sin\alpha - 4\sin^3\alpha$

(2) $\cos 3\alpha = \cos(2\alpha + \alpha) = \cos 2\alpha \cos\alpha - \sin 2\alpha \sin\alpha$
$= (\cos^2\alpha - \sin^2\alpha)\cos\alpha - 2\sin^2\alpha\cos\alpha$
$= \cos^3\alpha - 3\sin^2\alpha\cos\alpha = \cos^3\alpha - 3(1-\cos^2\alpha)\cos\alpha$
$= 4\cos^3\alpha - 3\cos\alpha$ ■

■ 例8 （計算） $\cos\dfrac{\pi}{5}$ $(= \cos 36°)$ の値を求めよ．

[解] $\alpha = \pi/5$ とおく．$3\alpha + 2\alpha = \pi$ $\quad\therefore\quad 3\alpha = \pi - 2\alpha$

3 倍角の公式から
$$\sin 3\alpha = 3\sin\alpha - 4\sin^3\alpha = 3\sin\alpha - 4\sin\alpha(1-\cos^2\alpha)$$

一方，
$$\sin 3\alpha = \sin(\pi - 2\alpha) = \sin\pi\cos 2\alpha - \cos\pi\sin 2\alpha = \sin 2\alpha$$

$\therefore\ \sin 3\alpha = \sin 2\alpha \quad \therefore\ \sin 3\alpha = 2\sin\alpha\cos\alpha$

よって，$\sin\alpha \neq 0$ から，
$$2\cos\alpha = -1 + 4\cos^2\alpha \quad \therefore\quad 4\cos^2\alpha - 2\cos\alpha - 1 = 0$$

$\therefore\ \cos\alpha = \dfrac{1+\sqrt{5}}{4} (\because\ \cos\alpha > 0) \quad \therefore\ \cos\dfrac{\pi}{5} = \dfrac{1+\sqrt{5}}{4}$ ■

■ 例 9　次の公式を証明せよ．(この公式を**単振動の合成**という)
$$a\sin\theta + b\cos\theta = \sqrt{a^2+b^2}\sin(\theta+\alpha)$$
ただし，$\quad \cos\alpha = \dfrac{a}{\sqrt{a^2+b^2}}, \quad \sin\alpha = \dfrac{b}{\sqrt{a^2+b^2}}$

[解]　加法定理から，
$$\sin(\theta+\alpha) = \sin\theta\cos\alpha + \cos\theta\sin\alpha$$
$$\therefore \quad \sin(\theta+\alpha) = \frac{a}{\sqrt{a^2+b^2}}\sin\theta + \frac{b}{\sqrt{a^2+b^2}}\cos\theta$$
$$\therefore \quad a\sin\theta + b\cos\theta = \sqrt{a^2+b^2}\sin(\theta+\alpha) \qquad \blacksquare$$

（4）三角関数

角 x を変数とみると，$\sin x$, $\cos x$, $\tan x$ はそれぞれ x の関数となる．これらを**三角関数**と呼ぶ．もちろん，これらからできる合成関数なども三角関数である．特にことわらない限り，x は弧度（ラジアン），すなわち単位円の弧の長さである．また，x の代わりに θ などを用いることもある．

まず，$y = \cos x$ について調べよう．x に対応する y の値を表にすると，

x	0	$\dfrac{\pi}{6}$	$\dfrac{\pi}{4}$	$\dfrac{\pi}{3}$	$\dfrac{\pi}{2}$	$\dfrac{2\pi}{3}$	$\dfrac{3\pi}{4}$	$\dfrac{5\pi}{6}$	π
y	1	$\dfrac{\sqrt{3}}{2}$	$\dfrac{1}{\sqrt{2}}$	$\dfrac{1}{2}$	0	$-\dfrac{1}{2}$	$-\dfrac{1}{\sqrt{2}}$	$-\dfrac{\sqrt{3}}{2}$	-1

ここで，$\cos x = \cos(-x)$ であるから，$y = \cos x$ のグラフは $x = 0$ (y 軸) に関して対称である．また，$\cos(\pi + x) = \cos(\pi - x)$ であるから，$y = \cos x$ のグラフは $x = \pi$ に関しても対称である．

さらに，整数 m に対して，
$$\cos(x + 2m\pi) = \cos x \quad (m\text{ は整数}) \qquad ⑰$$
であるから，$0 \leqq x \leqq 2\pi$ でのグラフが描ければ，次々にそのグラフを繰り返し続けて描けばよい．以上のことから，$y = \cos x$ のグラフを描くと図 1-34 のようになる．$\cos$ の場合に，$2m\pi$ を**周期**といい，2π を**基本周期**という．

一般に，$y = f(x)$ が次の関係をみたしているとき，

$$f(x+q) = f(x) \qquad ⑱$$

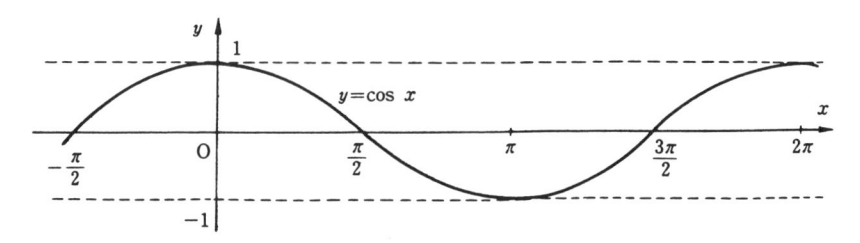

図 1-34 $y = \cos x$

$y = f(x)$ を周期関数といい，q を $f(x)$ の周期，q の正の最小値を $f(x)$ の基本周期という．すなわち，$f(x)$ の基本周期を p とすると，

$$f(x+mp) = f(x) \quad (m \text{ は整数}) \qquad ⑲$$

次に，$y = \sin x$ を考えよう．

$\sin x = \cos(x - \pi/2)$ であるから，$y = \sin x$ のグラフは，$y = \cos x$ のグラフを x 軸の正の方向に $\pi/2$ だけ平行移動したものである．$\sin(\pi/2 - x) = \sin(\pi/2 + x)$ であるから，$y = \sin x$ のグラフは $x = \pi/2$ に関して対称である．また，$\sin(-\pi/2 + x) = \sin(-\pi/2 - x)$ であるから，$x = -\pi/2$ に関しても対称である．さらに，$\sin(-x) = -\sin x$ であるから原点対称．

図 1-35 $y = \sin x$

$y = \sin x$ の基本周期は，cos の場合と同じ，2π である．すなわち，

$$\sin(x + 2m\pi) = \sin x \quad (m \text{ は整数}) \qquad ⑳$$

以上のことから，$y = \sin x$ のグラフは図 1-35 である．

$y = \tan x$ について考えよう．

$\tan x$ の加法定理から

$$\tan(x+\pi) = \frac{\tan x + \tan \pi}{1 - \tan x \tan \pi} = \tan x$$

よって，$\tan x$ の基本周期は π である．すなわち，整数 m に対して，

$$\tan(x + m\pi) = \tan x \tag{㉑}$$

また，$\tan(-x) = -\tan x$ から，$y = \tan x$ のグラフは原点に関して対称である．

$$\tan 0 = 0, \ \tan \frac{\pi}{6} = \frac{1}{\sqrt{3}}, \ \tan \frac{\pi}{4} = 1, \ \tan \frac{\pi}{3} = \sqrt{3}, \ \tan \frac{\pi}{2} = \infty$$

以上のことから，$y = \tan x$ のグラフは図 1-36 のようになる．

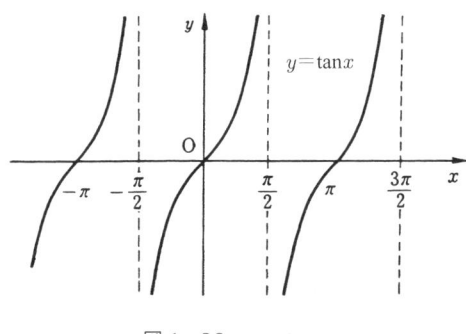

図 1-36 $y = \tan x$

■ **例 10**（計算）（三角方程式）$0 \leq x \leq \pi$ において，次の各方程式を解け．

(1) $\sqrt{3} \cos x + \sin x = 0$

(2) $\sin^2 x - \cos^2 x + 5 \sin x - 2 = 0$

[解] (1) 与式は $\tan x = -\sqrt{3}$ となる．$y = \tan x$ のグラフから，$\tan x = -\sqrt{3}$ となる x は，$x = 2\pi/3$

(2) $\cos^2 x = 1 - \sin^2 x$ を与式に代入して，

$$2\sin^2 x + 5\sin x - 3 = 0 \quad \therefore \quad (2\sin x - 1)(\sin x + 3) = 0$$

$|\sin x| \leq 1$ から，$\sin x = \dfrac{1}{2}$．$y = \sin x$ のグラフによって，$\sin x = \dfrac{1}{2}$ となる x は，

$$x = \frac{\pi}{6}, \ \frac{5\pi}{6} \qquad \blacksquare$$

■ 例11（計算） 三角不等式

$0 \leqq x \leqq 2\pi$ において，
$$-\frac{1}{2} \leqq \cos x \leqq \frac{\sqrt{3}}{2}$$
をみたす x の範囲を求めよ．

［解］ $\cos x = \dfrac{\sqrt{3}}{2}$ のとき，$x = \dfrac{\pi}{6}, \dfrac{11\pi}{6}$.

$\cos x = -\dfrac{1}{2}$ のとき，$x = \dfrac{2\pi}{3}, \dfrac{4\pi}{3}$. よっ

て，図 1-37 から，求める x の範囲は，$\dfrac{\pi}{6} \leqq x \leqq \dfrac{2\pi}{3}, \dfrac{4\pi}{3} \leqq x \leqq \dfrac{11\pi}{6}$ ■

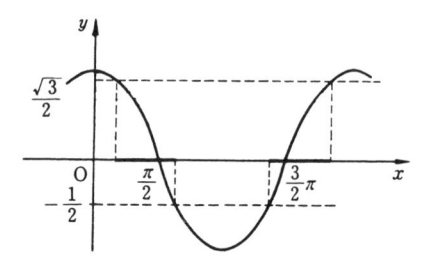

図 1-37

■ 例12（計算） $0 \leqq x \leqq 2\pi$ において，

$2\sqrt{2}\sin^2 x + (2-\sqrt{2})\sin x - 1 < 0$
をみたす x の範囲を求めよ．

［解］ $(2\sin x - 1)(\sqrt{2}\sin x + 1) < 0$

$\therefore \quad -\dfrac{1}{\sqrt{2}} < \sin x < \dfrac{1}{2}$

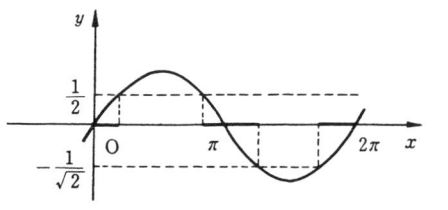

図 1-38

$\sin x = \dfrac{1}{2}$ のとき，$x = \dfrac{\pi}{6}, \dfrac{5\pi}{6}$ $\sin x = -\dfrac{1}{\sqrt{2}}$ のとき，$x = \dfrac{5\pi}{4}, \dfrac{7\pi}{4}$

よって，求める x の範囲は，
$$0 \leqq x < \frac{\pi}{6}, \quad \frac{5\pi}{6} < x < \frac{5\pi}{4}, \quad \frac{7\pi}{4} < x \leqq 2\pi$$
■

練習問題 1-5

A-1 (1) $75°, 105°, 150°$ を弧度法で表せ．

(2) $\dfrac{5\pi}{12}, \dfrac{2\pi}{5}, \dfrac{\pi}{10}$ はそれぞれ何度か．

A-2 $\theta = \dfrac{2\pi}{3}, \theta = \dfrac{3\pi}{4}$ のとき，$\sin\theta, \cos\theta, \tan\theta$ の値を求めよ．

A-3 加法定理によって，次の各等式を示せ．

(1) $\sin(\theta + \pi) = -\sin\theta$
(2) $\cos(\theta + \pi) = -\cos\theta$

B-1 $0 \leqq x \leqq \pi$ において，次の各方程式をみたす x の値を求めよ．
(1) $\sin x - \cos 2x = 0$
(2) $\cos 3x + \cos x = 0$

B-2 $0 \leqq x \leqq 2\pi$ において，次の各不等式をみたす x の範囲を求めよ．
(1) $\sqrt{2}\sin^2 x + \cos x < 0$
(2) $4\sin^2 x + 2(1-\sqrt{3})\sin x - \sqrt{3} < 0$

第 1 章の演習問題

A-1-1 $a > b > 0$ のとき，次の等式が成り立つことを証明せよ．(**2重根号をはずす**という．)
$$\sqrt{a+b-2\sqrt{ab}} = \sqrt{a} - \sqrt{b}$$

A-1-2 次の各式の 2 重根号をはずせ．
(1) $\sqrt{3+2\sqrt{2}}$　　　(2) $\sqrt{3-2\sqrt{2}}$　　　(3) $\sqrt{2+\sqrt{3}}$

A-1-3 次の各方程式をみたす x の値を求めよ．
(1) $\left(\dfrac{1}{\sqrt{2}}\right)^{x-1} = 4^x$　　　(2) $2x = 4\log_2 8 - 2\log_2 16 + \log_2 4$

A-1-4 $\sin\theta + \cos\theta = \sqrt{2}$ のとき，$\sin\theta\cos\theta$ の値を求めよ．

A-1-5 $\sin x + 2\cos x$ の最大値，最小値を求めよ．

B-1-1 次の各方程式をみたす x の値を求めよ．
(1) $4^{x+1/2} - 3 \cdot 2^x + 1 = 0$　　　(2) $(\log_2 x)^2 - 2\log_{1/2} x - 1 = 0$

B-1-2 次の各不等式をみたす x の範囲を求めよ．
(1) $2^{x-2} < 2^{-x^2}$　　　(2) $9^x - 3^{x+1} - 4 < 0$
(3) $\log_3(2-x) + \log_{1/3} x^2 \leqq 0$　　　(4) $\log_2(x+1) + 2\log_4(x-1) \geqq 3$

B-1-3 sec, cosec, cot を次で定義する．
$$\sec\theta = \frac{1}{\cos\theta}, \quad \operatorname{cosec}\theta = \frac{1}{\sin\theta}, \quad \cot\theta = \frac{1}{\tan\theta}$$
このとき，次の各等式が成り立つことを証明せよ．

(1) $1 + \tan^2 \theta = \sec^2 \theta$ (2) $1 + \cot^2 \theta = \mathrm{cosec}^2 \theta$

B - 1 - 4 次の各公式が成り立つことを示せ．(差を積に直す公式)

(1) $\sin A - \sin B = 2 \cos \dfrac{A+B}{2} \sin \dfrac{A-B}{2}$

(2) $\cos A - \cos B = -2 \sin \dfrac{A+B}{2} \sin \dfrac{A-B}{2}$

第2章 微 分 法

　いよいよ本書の最も大きなテーマである微分法の章に入る．微分法は1章で学んだ「実数」「関数」を基本に，「極限」「連続」という考え方をきちんと取り扱うことによってとらえることができるので，はじめにこれらを説明する．

　ここまでの準備が終わると微分法の考え方はすぐそこである．微分法により得られるもので身近なものに「瞬間の速さ」がある．そこで，「瞬間の速さ」を求めることから，微分法のしくみを学ぶことにする．

　また，本書を学ぶ皆さんはお話として考え方を知るだけでなく，それぞれの専門分野で微積分を活用していく必要があるので，次には「さまざまな関数」（これらの関数はものごとの変化をとらえ表現することができる）を微分することを学ぶ．

　そして，考え方・解き方を学んだあとは本書にある問題を実際に自分で計算することが大事である．これによりはじめて微分法を身につけたといえる．

§1 関数の極限

> 微分法は無限大とか無限小を研究する分野であって，ここに登場する「極限」は「連続」とともに微分法を支える2本柱である．ここでは「極限」の意味と，微分法で用いるいろいろな関数の極限について，いろいろな角度から説明する．

関数 $y = x - 2$ において，変数 x が 5 と異なる値をとりながら，限りなく 5 に近づくとき，y の値は $5 - 2 = 3$ に限りなく近づく．このことを

$$\lim_{x \to 5}(x - 2) = 3$$

または，

$$x - 2 \to 3 \ (x \to 5)$$

と表し，x が 5 に限りなく近づくとき，$x - 2$ は 3 に収束する．または，x が 5 に限りなく近づくときの $x - 2$ の極限値は 3 であるという．

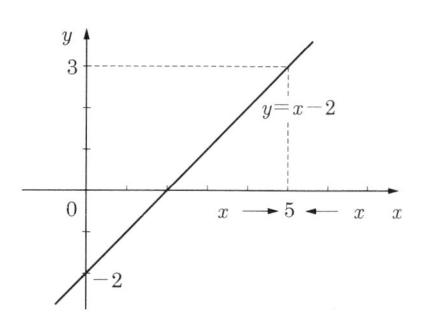

図 2-1

一般に，$f(x)$ において，変数 x が定数 a に限りなく近づくとき，$f(x)$ も定数 b に限りなく近づけば

$$\lim_{x \to a} f(x) = b$$

または，

$$f(x) \to b \ (x \to a)$$

と表し，x が a に限りなく近づくとき，$f(x)$ は b に収束する．または，$f(x)$ の極限値は b である，という．

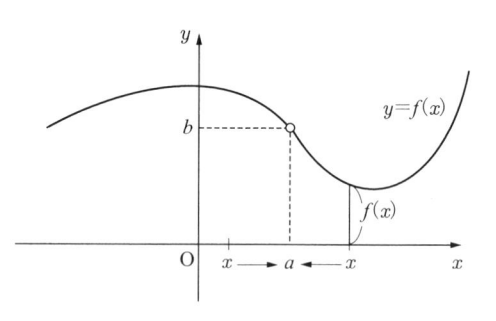

図 2-2

また，x が限りなく大きく（小さく）なるとき，$f(x)$ の値が限りなく b に近づくとき，それぞれを次で表す．

$$\lim_{x \to \infty} f(x) = b \; ; \quad \lim_{x \to -\infty} f(x) = b \qquad ①$$

極限の定義から，次は同値（$\iff$）である．

$$\lim_{x \to a} f(x) = b \iff \lim_{x \to a} (f(x) - b) = 0 \qquad ②$$

■ **例 1**（計算）　$\lim_{x \to 0}(2x+5) = 5$ □

■ **例 2**（計算）　$\lim_{x \to 3}(x-4)(2x+1)$ の値を求めよ．

［解］$x \to 3$ のとき，$(x-4)(2x+1) \longrightarrow (3-4)(2 \times 3 + 1) = -7$ から，
$$\therefore \quad \lim_{x \to 3}(x-4)(2x+1) = -7 \qquad □$$

一般に，ある関数が極限をもつとき，それらの定数倍，和，差，積，商も極限をもつ．

一見，当りまえと思える事もきちんと確認するのも数学の大事な役目である．

関数の極限の演算法則

定理 2-1 関数 $f(x), g(x)$ に対し，$\lim_{x \to a} f(x) = p$, $\lim_{x \to a} g(x) = q$ が成り立つとき，次の公式が成り立つ．

(1) $\lim_{x \to a}(kf(x)) = kp = k \lim_{x \to a} f(x)$　（ただし，k は定数）

(2) $\lim_{x \to a}(f(x) \pm g(x)) = p \pm q = \lim_{x \to a} f(x) \pm \lim_{x \to a} g(x)$
（複号同順）

(3) $\lim_{x \to a}(f(x) \cdot g(x)) = p \cdot q = (\lim_{x \to a} f(x)) \cdot (\lim_{x \to a} g(x))$

(4) $\lim_{x \to a} \dfrac{f(x)}{g(x)} = \dfrac{p}{q} = (\lim_{x \to a} f(x))/(\lim_{x \to a} g(x))$　$(q \neq 0)$

［参考］(1)　$kf(x) - kp = k(f(x) - p) \to 0 \; (x \to a)$
$$\therefore \quad \lim_{x \to a}(kf(x)) = kp = k \lim_{x \to a} f(x)$$

(2)　$(f(x) \pm g(x)) - (p \pm q) = (f(x) - p) \pm (g(x) - q) \to 0 \ (x \to a)$

　　　∴　$\lim_{x \to a}(f(x) \pm g(x)) = p \pm q = \lim_{x \to a} f(x) \pm \lim_{x \to a} g(x)$　（複号同順）

(3)　$f(x)g(x) - pq = f(x)g(x) - pg(x) + pg(x) - pq$

　　　　　　　　　　$= (f(x) - p)g(x) + p(g(x) - q) \to 0 \ (x \to a)$

　　　∴　$\lim_{x \to a}(f(x)g(x)) = pq = \lim_{x \to a} f(x) \cdot \lim_{x \to a} g(x)$

(4)　$\dfrac{f(x)}{g(x)} - \dfrac{p}{q} = \dfrac{q(f(x) - p) - p(g(x) - q)}{qg(x)} \to 0 \ (x \to a)$

　　　∴　$\lim_{x \to a}\dfrac{f(x)}{g(x)} = \dfrac{p}{q} = (\lim_{x \to a} f(x))/(\lim_{x \to a} g(x))$　$(q \neq 0)$　■

■ **例 3**　$\lim_{x \to 0} \sin \dfrac{1}{x}$ は存在しないことを示せ．[極限値をもたない例]

[解]　m を自然数として，

$$x = \dfrac{2}{\pi}, \dfrac{2}{(4+1)\pi}, \cdots, \dfrac{2}{(4m+1)\pi}, \cdots \to 0 \ \text{のとき}, \sin \dfrac{1}{x} = 1$$

$$x = \dfrac{1}{\pi}, \dfrac{1}{(2+1)\pi}, \cdots, \dfrac{1}{(2m+1)\pi}, \cdots \to 0 \ \text{のとき}, \sin \dfrac{1}{x} = 0$$

よって，$x \to 0$ のときの $\sin \dfrac{1}{x}$ の極限値は存在しない．　■

　一般に，関数 $f(x)$ が連続でない点では，極限値をもたないことが多い．しかし，不連続な点でも極限値をもつことがあることに注意しておきたい．

　ガリレイ・ガリレオが暗示した次の定理は，いろいろな三角関数の極限を求めるのに重要な役割を果たす性質である．この定理のお陰で，三角関数の微分ができるようになる．

―――― 三角関数を微分するために必要な性質 ――――

定理 2-2　$\lim_{x \to 0} \dfrac{\sin x}{x} = 1$

[証明]

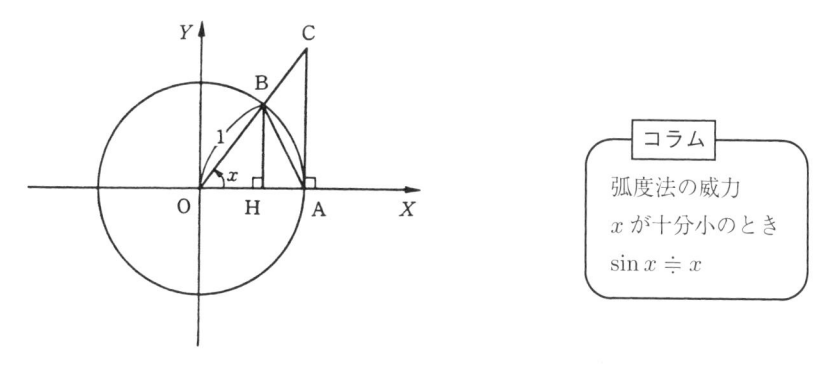

図2-3

> **コラム**
> 弧度法の威力
> x が十分小のとき
> $\sin x \fallingdotseq x$

$x = -y$ のとき，$\dfrac{\sin x}{x} = \dfrac{\sin(-y)}{-y} = \dfrac{-\sin y}{-y} = \dfrac{\sin y}{y}$ ∴ $\dfrac{\sin x}{x}$ は偶関数．

よって，$x > 0$ と仮定して証明すればよい．

図2-4から x が十分 0 に近いときは，$x \fallingdotseq \sin x$（$\fallingdotseq$ の意味はほとんど同じです）

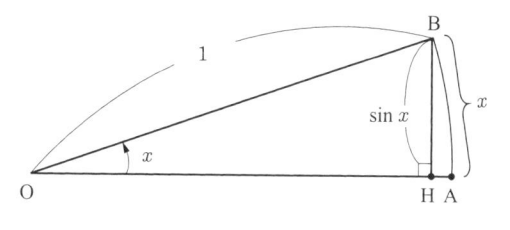

∴ $\displaystyle\lim_{x \to 0} \dfrac{\sin x}{x} = 1$

図2-4

この式の意味は，$x \to 0$ のとき $\dfrac{\sin x}{x} \to 1$ を表し，$x = 0$ の値ではない． ∎

さらに詳しくは，図2-3から

$$\triangle\text{OAB の面積} < \text{扇形 OAB の面積} < \triangle\text{OAC の面積}$$

から

$$\sin x < x < \tan x \quad \therefore \quad 1 > \dfrac{\sin x}{x} > \cos x$$

ここで，$\cos x \to 1 \, (x \to 0)$ であるから，はさみうちの原理（1章1節）より，定理が得られる．

この定理に慣れるために，例をあげておこう．

■ 例 4　次の極限値を求めよ．

(1) $\displaystyle\lim_{x\to 0}\frac{\sin 3x}{x}$ 　　　　(2) $\displaystyle\lim_{x\to 0}\frac{1-\cos x}{x^2}$

［解］(1)　与式 $= 3\cdot\displaystyle\lim_{x\to 0}\frac{\sin 3x}{3x} = 3\cdot 1 = 3$

(2)　与式 $= \displaystyle\lim_{x\to 0}\left\{\frac{1-\cos x}{x^2}\cdot\frac{1+\cos x}{1+\cos x}\right\} = \lim_{x\to 0}\left\{\left(\frac{\sin x}{x}\right)^2\cdot\frac{1}{1+\cos x}\right\}$

$\qquad = 1\cdot\dfrac{1}{2} = \dfrac{1}{2}$ 　　　　　　　　　　　　　　　　　　　□

次の定理 2-3 も微積では，重要な定理である．

―――― 指数・対数関数を微分するために必要なネピアの数 ――――

定理 2-3　(1) $\displaystyle\lim_{x\to\pm\infty}\left(1+\frac{1}{x}\right)^x = e$ 　　(2) $\displaystyle\lim_{x\to 0}(1+x)^{1/x} = e$

［証明］(1)（i）$x\to\infty$ の場合，$x>1$ としてよい．
実数 x に対して，ある自然数 n が存在して，

$$n \leqq x < n+1 \qquad\qquad\qquad ③$$

とできる．この各々に逆数をとって，1 を加えると，

$$1+\frac{1}{n+1} < 1+\frac{1}{x} \leqq 1+\frac{1}{n}$$

$$\therefore\ \left(1+\frac{1}{n+1}\right)^n < \left(1+\frac{1}{x}\right)^x < \left(1+\frac{1}{n}\right)^{n+1} \qquad ④$$

ここで，第 1 章 §3 の⑥式を用いると，

$$\lim_{n\to\infty}\left(1+\frac{1}{n+1}\right)^n = \lim_{n\to\infty}\left\{\left(1+\frac{1}{n+1}\right)^{n+1}\cdot\left(1+\frac{1}{n+1}\right)^{-1}\right\}$$

$$= e\cdot 1 = e$$

$$\lim_{n\to\infty}\left(1+\frac{1}{n}\right)^{n+1} = \lim_{n\to\infty}\left\{\left(1+\frac{1}{n}\right)^n\cdot\left(1+\frac{1}{n}\right)\right\} = e\cdot 1 = e$$

よって，$x\to\infty$ のとき，$n\to\infty$ であるから，はさみ打ちの原理から

$$\lim_{x\to\infty}\left(1+\frac{1}{x}\right)^x = e$$

(ii) $x \to -\infty$ の場合： $x = -y\,(y>0)$ とおくと，

$$\left(1+\frac{1}{x}\right)^x = \left(1-\frac{1}{y}\right)^{-y} = \left(\frac{y-1}{y}\right)^{-y} = \left(\frac{y}{y-1}\right)^{y}$$

$$= \left(1+\frac{1}{y-1}\right)^{y-1}\left(1+\frac{1}{y-1}\right)$$

(i) を適用すると，

$$\lim_{x\to-\infty}\left(1+\frac{1}{x}\right)^x = e$$

よって，(i)と(ii)をあわせると，前半が得られる．

(2) $x = \dfrac{1}{t}$ とおくと，$x \to 0 \Longleftrightarrow t \to \pm\infty$ であるから，前半によって，

$$(1+x)^{1/x} = \left(1+\frac{1}{t}\right)^t \to e\,(t\to\pm\infty) \qquad \blacksquare$$

次の定理は定理 2-2 とあわせて，指数関数・対数関数を微分するに必要な重要な極限の性質である．

指数・対数関係を微分するために必要な極限

定理 2-4　　(1) $\displaystyle\lim_{x\to 0}\frac{\log(1+x)}{x} = 1$　　(2) $\displaystyle\lim_{x\to 0}\frac{e^x-1}{x} = 1$

［証明］（1）定理 2-3(2) を適用して

$$\text{左辺} = \lim_{x\to 0}\log(1+x)^{1/x} = \log e = 1$$

（2）$t = \log(1+x)$ とおく．$1+x = e^t$　　∴　$x = e^t - 1$

$x \to 0 \Longleftrightarrow t \to 0$

ここで，(1)を適用して

$$1 = \lim_{x\to 0}\frac{\log(1+x)}{x} = \lim_{t\to 0}\frac{t}{e^t-1}$$

∴　$\displaystyle\lim_{t\to 0}\frac{e^t-1}{t} = 1$　　∴　$\displaystyle\lim_{x\to 0}\frac{e^x-1}{x} = 1$ $\qquad\blacksquare$

■ 例5（計算） 次の各極限値を求めよ．

(1) $\displaystyle\lim_{x\to\infty}\left(1+\frac{1}{2x}\right)^x$ (2) $\displaystyle\lim_{x\to 0}\frac{\log(1+3x)}{x}$

(3) $\displaystyle\lim_{x\to 0}\frac{e^{5x}-1}{x}$

[解] (1) 与式 $=\displaystyle\lim_{x\to\infty}\left\{\left(1+\frac{1}{2x}\right)^{2x}\right\}^{1/2}=e^{1/2}=\sqrt{e}$

(2) 与式 $=\displaystyle\lim_{x\to 0}3\cdot\frac{\log(1+3x)}{3x}=3\cdot 1=3$

(3) 与式 $=\displaystyle\lim_{x\to 0}5\cdot\frac{e^{5x}-1}{5x}=5\cdot 1=5$ ■

練習問題 2-1

A-1 次の各極限値を求めよ．

(1) $\displaystyle\lim_{x\to 2}\frac{x^3-8}{x-2}$ (2) $\displaystyle\lim_{x\to\infty}\frac{3-5x^2}{4x^2+x}$

(3) $\displaystyle\lim_{x\to 0}\left(1-\frac{1}{2x+1}\right)\cdot\frac{1}{x}$ (4) $\displaystyle\lim_{x\to 0}\frac{\tan 4x}{x}$

(5) $\displaystyle\lim_{x\to 0}\frac{1-\cos x}{x\sin x}$ (6) $\displaystyle\lim_{x\to 0}\frac{\log(1+7x)}{x}$

B-1 次の各極限値を求めよ．

(1) $\displaystyle\lim_{x\to 0}\frac{\log(1+5\sin x)}{x}$ (2) $\displaystyle\lim_{x\to 0}\frac{e^{6x}-1}{x}$

(3) $\displaystyle\lim_{x\to\infty}\left(1+\frac{1}{3x}\right)^x$ (4) $\displaystyle\lim_{x\to -\infty}\left(1+\frac{1}{8x}\right)^x$

(5) $\displaystyle\lim_{x\to 0}\frac{e^{2\sin x}-1}{\tan x}$ (6) $\displaystyle\lim_{x\to 0}\frac{\log(1+3x^2)}{1-\cos x}$

§2 関数の連続性

前節で学んだ関数の極限の性質を用いて，微分するために必要な関数の連続性について説明する．この連続性を学ぶことは，瞬間の速さを求めるための準備に他ならない．

ここで，記号を確認しておく．

点 x が定点 a に限りなく近づくとき，$f(x)$ が b に限りなく近づくことを，

$$\lim_{x \to a} f(x) = b \iff \lim_{x \to a} |f(x) - b| = 0 \qquad ①$$

と表す．この表現で，関数の連続性を説明することにする．

連続とは，切れずにつながっていることであるから，次のように表現される．

$f(x)$ が 1 点 $x = a$ とその近くで定義されていて，

$$\lim_{x \to a} f(x) = f(a) = f(\lim_{x \to a} x) \qquad ②$$

をみたすとき，$f(x)$ は 1 点 a で**連続**であるという．

コラム：まず，1 点で連続

$f(x)$ が区間 D の各点で連続であるとき，$f(x)$ を区間 D で連続であるという．

とくに，混乱がおこらないときは，点とか区間は省略することもある．

連続でないことを**不連続**という．

関数の連続性については，定理 2-1 と同様に，定数倍，加減乗除が成り立つという次の定理 2-5 が得られる．

連続関数の加減乗除

定理 2-5 $f(x)$, $g(x)$ が点 a または区間 D で連続ならば，次の各関数は，点 a または区間 D で連続である．

(1) $cf(x)$ (c：定数)　　　(2) $f(x) \pm g(x)$

(3)　$f(x) \cdot g(x)$　　　　　　　　(4)　$\dfrac{f(x)}{g(x)}$　$(g(x) \neq 0)$

[証明]　$f(a) = p,\ g(a) = q$ とする　(1)　$\lim\limits_{x \to a}(cf(x) - cp) = c\lim\limits_{x \to a}(f(x) - p) = 0$

(2)　$\lim\limits_{x \to a}\{(f(x) \pm g(x)) - (p \pm q)\} = \lim\limits_{x \to a}\{(f(x) - p) \pm (g(x) - q)\} = 0$

(3)　$\lim\limits_{x \to a}(f(x)g(x) - pq) = \lim\limits_{x \to a}(f(x)g(x) - pg(x) + pg(x) - pq)$
　　$= \lim\limits_{x \to a}\{(f(x) - p)g(x) + p(g(x) - q)\} = 0$

(4)　$\lim\limits_{x \to a}\left(\dfrac{f(x)}{g(x)} - \dfrac{p}{q}\right) = \lim\limits_{x \to a}\left(\dfrac{f(x)q - pg(x)}{g(x)q}\right)$
　　$= \lim\limits_{x \to a}\left\{\dfrac{(f(x) - p)q - p(g(x) - q)}{g(x)q}\right\} = 0$　　　■

合成関数（関数の関数：$\boldsymbol{f(g(x))}$）

$y = (3x^2 + 1)^5$ のような関数は，$t = 3x^2 + 1$ とおくと，$y = t^5$ となり，簡単な形になる．

一般に，区間 D で定義されている関数 $t = g(x)$ と，$g(x)$ の値域で定義されている関数 $y = f(t)$ を考える．D の各点 x に対して，$f(g(x))$ を対応させると，関数

$$y = f(g(x)) \tag{③}$$

が定まるが，これを $f(t)$ と $g(x)$ の**合成関数**といい，

$$f(g(x)) = (f \circ g)(x)$$

と表すことがある．このとき，次の定理 2-6 が成り立つ

---------- 合成関数の連続性 ----------

定理 2-6　$t = g(x)$ を点 $x = a$ で連続であるとし，$f(t)$ は $t = b$ $(b = f(a))$ で連続であるとする．このとき，$f(t)$ と $g(x)$ の合成関数

$$y = f(g(x))$$

は点 a で連続である．

[証明] $\lim_{x\to a} g(x) = g(a)$, $\lim_{t\to b} f(t) = f(b)$, $b = f(a)$ であるから
$$\lim_{x\to a} f(g(x)) = f(\lim_{x\to a} g(x)) = f(g(\lim_{x\to a} x)) = f(g(a))$$
∎

■ **例1**（計算） $f(x) = x^2$, $g(x) = \sin x$ のとき，次の合成関数を求めよ．

(1) $f(g(x))$ (2) $g(f(x))$

[解] (1) $f(g(x)) = f(\sin x) = (\sin x)^2 = \sin^2 x$
(2) $g(f(x)) = \sin(f(x)) = \sin x^2$ ∎

練習問題 2-2

A-1 次の関数は $(-\infty, \infty)$ で連続であることを示せ．

(1) $f(x) = 2x + 1$ (2) $f(x) = \begin{cases} \dfrac{\sin x}{x} & (x \neq 0) \\ 1 & (x = 0) \end{cases}$

A-2 次の各方程式は少なくとも1つの実数解をもつことを示せ．
(1) $x^3 + ax^2 + bx + c = 0$
(2) $x^{2n+1} + a_{2n}x^{2n} + \cdots + a_2 x^2 + a_1 x + a_0 = 0$
 （n：自然数，a_j：定数，$j = 0, 1, \cdots, 2n$）

A-3 $f(x) = \dfrac{x-1}{x+2}$, $g(x) = \dfrac{3x+1}{2x-1}$ のとき，次の合成関数を求めよ．
(1) $f(g(x))$ (2) $g(f(x))$

B-1 開区間で定義されている連続関数で，最大値，最小値をとらないような関数の例を示せ．

B-2 閉区間で定義されているが，連続でない関数は必ずしも最大値，最小値をとらない．このような関数の例を示せ．

B-3 関数 $y = f(x)$ が閉区間 $[a, b]$ 上で連続ならば，$y = f(x)$ は $[a, b]$ 上で，最大値と最小値をとることを示せ．

§3 微 分 法

　　ここまで準備ができると,「瞬間の速さ」を求める微分法はすぐそこである．まず，関数のある点での微分係数を求める．この微分係数のある点を変数とみた関数が導関数で，この導関数を求めることが微分するということである．この計算に必要な基本公式を示す．

　ニュートン以来，物体が自然落下する場合，落ち始めてから t 秒 (s) 後の自然落下距離 s メートル (m) は

$$s = 4.9t^2 \qquad ①$$

であることが観測により知られている．

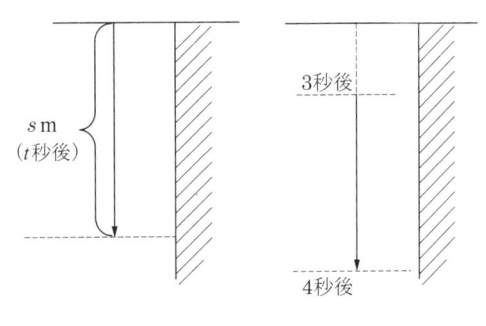

図 2-5

■ 例1　ある物体が自然落下するとき，3秒後から4秒後までの平均の落下速度を求めよ．

[解]　平均速度 $= \dfrac{\text{移動距離}}{\text{かかった時間}} = \dfrac{4.9 \times 4^2 - 4.9 \times 3^2}{4 - 3}$

$\qquad\qquad = 4.9 \times 7 = 34.3 \quad (\text{m/s})$

■ 例2　物体が自然落下するとき，3秒後の瞬間の落下速度を求めよ．

[解] ここで，瞬間の速度という新しい概念の登場である．このとき，新しい考えを産み出すその瞬間でもある．

ここで，3 秒から $(3+h)$ 秒までの平均速度は

$$\frac{\text{移動距離}}{\text{かかった時間}} = \frac{4.9 \times (3+h)^2 - 4.9 \times 3^2}{(3+h) - 3} = 4.9 \times \frac{(3+h)^2 - 3^2}{h}$$

$$= 4.9 \times \frac{6h + h^2}{h} = 4.9 \times \frac{(6+h)h}{h}$$

$$= 4.9 \times (6+h) \quad (\text{m/s})$$

となる．このとき，3 秒後の瞬間の速度は，$h \to 0$ のときであるから，

$$3\text{秒後の瞬間の速度} = 4.9 \times \lim_{h \to 0} \frac{(3+h)^2 - 3^2}{h} = 4.9 \times 6 \quad (\text{m/s})$$

□

この考え方を一般化すると，

「点 $x = a$ で定義された関数 $y = f(x)$ に対して，極限値

$$\lim_{h \to 0} \frac{f(a+h) - f(a)}{h} \qquad ②$$

が存在するならば，$f(x)$ は $x = a$ で微分可能である」という．この極限値を $f(x)$ の $x = a$ における微係数または微分係数といい，記号 $f'(a)$ で表す．すなわち，

$$f'(a) = \lim_{h \to 0} \frac{f(a+h) - f(a)}{h} \qquad ③$$

[$f'(a)$ はグラフ上でどのような意味を持つだろうか？]

$y = f(x)$ のグラフ上の 2 点 P$(a, f(a))$, Q$(a+h, f(a+h))$ をとり図 2-6 のようにする．PS は $y = f(x)$ の P における接線とする．$\alpha = \angle\text{QPR}$, $\theta = \angle\text{SPR}$ とする．

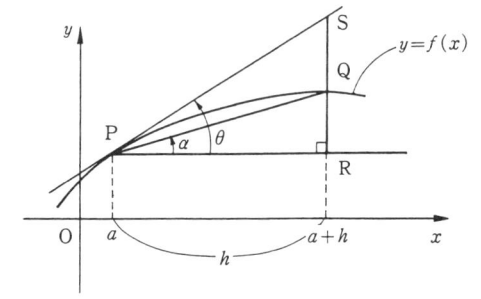

図 2-6

$$\tan\alpha = \frac{\text{RQ}}{\text{PR}}$$
$$= \frac{f(a+h)-f(a)}{h} \qquad ④$$

ここで，④の右辺を $f(x)$ の a から $a+h$ までの**平均変化率**という．さらに，
$$\tan\theta = \frac{\text{RS}}{\text{PR}} = \lim_{h\to 0}\frac{f(a+h)-f(a)}{h} = f'(a) \qquad ⑤$$
$$\therefore \quad \tan\theta = f'(a) \qquad ⑥$$

よって，$f'(a)$ は点 $x=a$ における $y=f(x)$ のグラフの**接線の傾き**である．

■ **例3**（計算） $y=x^3$ の点 $x=a$ における微係数（接線の傾き）を求めよ．
［解］ $x^3 = f(x)$ とおいて，⑤を適用する．
$$f'(a) = \lim_{h\to 0}\frac{(a+h)^3-a^3}{h} = \lim_{h\to 0}\frac{(3a^2+3ah+h^2)h}{h}$$
$$= \lim_{h\to 0}(3a^2+3ah+h^2) = 3a^2 \qquad \therefore \quad f'(a) = 3a^2 \qquad \blacksquare$$

［微分可能でない場合とは？］

極限の記号で，x が小さい方から a に近づくとき，記号で
$$x \to a-0$$
と書き，また，x が大きい方から a に近づくとき，記号で
$$x \to a+0$$
と書く．特に，$a=0$ のときは，a を省略する．すなわち，
$$x \to -0 \quad \text{または} \quad x \to +0$$

> コラム
> こんな感じ
> $a-0 \quad a+0$
> a

■ **例4** $f(x) = |x|$ は $x=0$ において微分可能でないことを示せ．

［解］ $\displaystyle\lim_{h\to +0}\frac{|h|}{h} = \lim_{h\to +0}\frac{h}{h} = 1$

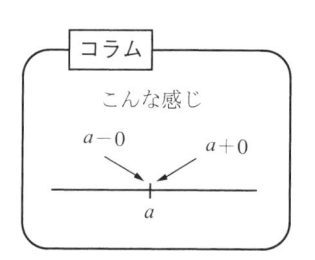

$$\lim_{h \to -0} \frac{|h|}{h} = \lim_{h \to -0} \frac{-h}{h} = -1$$

よって，右極限=1, 左極限=-1

よって，左極限≠右極限．これは $f(x) = |x|$ が 0 で微分可能でないことを示している．　■

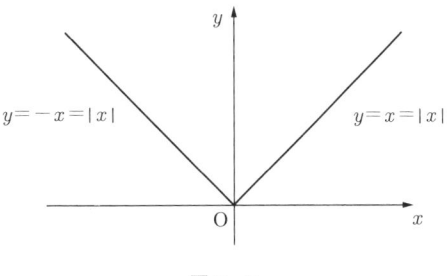

図 2-7

$y = f(x)$ が開区間 D の各点で微分可能なとき，$f(x)$ を**開区間 D で微分可能**であるという．

いま，$y = f(x)$ が開区間 D で微分可能であるとする．D の各点 x について，微係数 $f'(x)$ を対応させることにより，D で定義された関数

$$f'(x) = \lim_{h \to 0} \frac{f(x+h) - f(x)}{h} \qquad ⑦$$

が得られる．この関数 $f'(x)$ を $f(x)$ の**導関数**といい，

$$f'(x), \quad \frac{dy}{dx}, \quad \frac{d}{dx}f(x), \quad y', \quad f' \qquad ⑧$$

などと表す．また，$f(x)$ の導関数 $f'(x)$ を求めることを，**$f(x)$ を微分する**という．いろいろな関数を微分できるようになることが本書の大きな目的である．

さらに，$f'(x)$ の導関数が考えられる場合には，これを $f''(x)$ と表し，$f(x)$ の **2 次導関数**という．すなわち，

$$f''(x) = \lim_{h \to 0} \frac{f'(x+h) - f'(x)}{h} \qquad ⑨$$

同様にして，$f(x)$ の **3 次導関数 $f'''(x)$**，4 次導関数 $f^{(4)}(x)$，$\cdots$ が得られる．

一般に，n 次導関数 $f^{(n)}(x)$ を考えるとき，

$$f^{(n)}(x) = \lim_{h \to 0} \frac{f^{(n-1)}(x+h) - f^{(n-1)}(x)}{h} \quad (n \geqq 1) \qquad ⑩$$

ここで，$f^{(0)}(x) = f(x)$, $f^{(1)}(x) = f'(x)$, $f^{(2)}(x) = f''(x)$, $f^{(3)}(x) = f'''(x)$ とする．$f^{(n)}(x)$ は別の記号で次のように書かれる．

$$\frac{d^n y}{dx^n}, \quad \frac{d^n}{dx^n} f(x), \quad y^{(n)}, \quad f^{(n)} \qquad ⑪$$

■ 例5（計算） $f(x) = k$（定数）を微分せよ．また，$g(x) = x$ を微分せよ．

[解] $f'(x) = \lim_{h \to 0} \dfrac{f(x+h) - f(x)}{h} = \lim_{h \to 0} \dfrac{k - k}{h} = \lim_{h \to 0} \dfrac{0}{h} = 0 \quad \therefore \quad (k)' = 0$

$\qquad g'(x) = \lim_{h \to 0} \dfrac{g(x+h) - g(x)}{h} = \lim_{h \to 0} \dfrac{(x+h) - x}{h} = \lim_{h \to 0} \dfrac{h}{h} = 1$

$\qquad \therefore \quad (x)' = 1$ ■

■ 例6（計算） $f(x) = x^n$ ($n = 2, 3, \cdots$) の導関数は次であることを示せ．
$$f'(x) = (x^n)' = nx^{n-1}$$

[解] $a^n - b^n = (a-b)(a^{n-1} + a^{n-2}b + \cdots + ab^{n-2} + b^{n-1})$

$\qquad \therefore \quad f'(x) = \lim_{h \to 0} \dfrac{(x+h)^n - x^n}{h}$

$\qquad \qquad \qquad = \lim_{h \to 0} \{(x+h)^{n-1} + (x+h)^{n-2} \cdot x + \cdots + x^{n-1}\}$

$\qquad \qquad \qquad = nx^{n-1} \quad \therefore \quad (x^n)' = nx^{n-1}$ (n: 自然数) ■

■ 例7 次の関係式を示せ．

(1) $(\sin x)' = \cos x$

(2) $(\cos x)' = -\sin x$

[解] (1) 三角関数の加法定理の応用の差を積に直す公式から

$$\sin A - \sin B = 2 \cos \frac{A+B}{2} \sin \frac{A-B}{2}$$

$\qquad \therefore \quad \sin(x+h) - \sin x = 2 \cos \left(x + \dfrac{h}{2}\right) \sin \dfrac{h}{2}$

$\qquad \therefore \quad (\sin x)' = \lim_{h \to 0} \dfrac{\sin(x+h) - \sin x}{h} = \lim_{h \to 0} \left\{ \cos \left(x + \dfrac{h}{2}\right) \cdot \dfrac{\sin \dfrac{h}{2}}{\dfrac{h}{2}} \right\}$

$\qquad \qquad \qquad = \cos x$

$\qquad \therefore \quad (\sin x)' = \cos x$

§3 微分法 55

(2) $\cos A - \cos B = -2\sin\dfrac{A+B}{2}\sin\dfrac{A-B}{2}$

$\therefore \quad (\cos x)' = \lim_{h\to 0}\dfrac{\cos(x+h) - \cos x}{h}$

$= -\lim_{h\to 0}\left\{\sin\left(x+\dfrac{h}{2}\right)\cdot \dfrac{\sin\dfrac{h}{2}}{\dfrac{h}{2}}\right\} = -\sin x$

$\therefore \quad (\cos x)' = -\sin x \qquad \blacksquare$

■ 例 8 (1) $(\log x)' = \dfrac{1}{x}\ (x>0)$ を示せ.

(2) $(e^x)' = e^x$ を示せ.

[解] 定理 2-3 の公式をそれぞれに適応する.

(1) $(\log x)' = \lim_{h\to 0}\dfrac{\log(x+h) - \log x}{h}$

$= \lim_{h\to 0}\left\{\left(\log\left(1+\dfrac{h}{x}\right)\right)\Big/\left(\dfrac{h}{x}\right)\right\}\cdot \dfrac{1}{x} = \dfrac{1}{x}$

$\therefore \quad (\log x)' = \dfrac{1}{x}$

(2) $(e^x)' = \lim_{h\to 0}\dfrac{e^{x+h} - e^x}{h} = e^x\cdot \lim_{h\to 0}\dfrac{e^h - 1}{h} = e^x$

$\therefore \quad (e^x)' = e^x \qquad \blacksquare$

例 5 から例 8 までは,重要な公式であるから,次の定理 2-7 にまとめておく.

---------- 導関数の公式／覚えておこう ----------

定理 2-7 各関数の導関数は次のようになる.

(1) $(k)' = 0$ (k は定数)

(2) $(x^n)' = nx^{n-1}$ (n は自然数)

(3) $(\sin x)' = \cos x$

(4) $(\cos x)' = -\sin x$

(5) $(\log x)' = \dfrac{1}{x}\quad (x>0)$

(6) $(e^x)' = e^x$

■ 例9（計算） 次の各関数の導関数を定義に従って求めよ．

(1) $f(x) = \dfrac{1}{x}\quad (x\neq 0)$ (2) $f(x) = \sqrt{x}\quad (x>0)$

［解］ (1) $\left(\dfrac{1}{x}\right)' = \lim_{h\to 0}\dfrac{\dfrac{1}{x+h}-\dfrac{1}{x}}{h} = \lim_{h\to 0}\dfrac{-h}{(x+h)x}\cdot\dfrac{1}{h} = -\dfrac{1}{x^2}$

(2) $(\sqrt{x})' = \lim_{h\to 0}\dfrac{\sqrt{x+h}-\sqrt{x}}{h}$

$\qquad = \lim_{h\to 0}\left(\dfrac{\sqrt{x+h}-\sqrt{x}}{h}\cdot\dfrac{\sqrt{x+h}+\sqrt{x}}{\sqrt{x+h}+\sqrt{x}}\right)$

$\qquad = \lim_{h\to 0}\dfrac{1}{\sqrt{x+h}+\sqrt{x}} = \dfrac{1}{2\sqrt{x}}$

練習問題 2-3

A-1 次の各関数の導関数を定義から求めよ．

(1) $f(x) = \dfrac{1}{x^2}$ (2) $f(x) = \sqrt[3]{x}$

B-1 次の各関数の導関数を定義から求めよ．

(1) $f(x) = e^{3x}$ (2) $f(x) = \sin 3x$

(3) $f(x) = \dfrac{1}{\sin x}$ (4) $f(x) = \dfrac{1}{g(x)}\ (g(x)\neq 0)$

§4 微分法の性質

本節の目的：前節では，関数を微分した（導関数を求めた）が，この節では，§1, §2と同様に，関数の和・差・積・商の導関数がどうなるか，また，合成関数（関数の関数）の導関数はどうなるかなどを解説する．これらは，いろいろな関数の導関数を求めるのに役に立つ性質である．

まず，この節では，微分法の重要な性質である和・差・積・商の導関数についての公式をあげておこう．

――――――― 計算法則／公式を身につけよう ―――――――

定理 2-8 微分法の基本的な性質

(1) 定数倍の微分法　　$(kf(x))' = kf'(x)$　　（k は定数）

(2) 和・差の微分法　　$(f(x) \pm g(x))' = f'(x) \pm g'(x)$　（複号同順）

(3) 積の微分法　　$(f(x) \cdot g(x))' = f'(x)g(x) + f(x)g'(x)$

(4) 商の微分法　　$\left(\dfrac{f(x)}{g(x)}\right)' = \dfrac{f'(x)g(x) - f(x)g'(x)}{(g(x))^2}$　　$(g(x) \neq 0)$

ここでのポイントは，(3), (4) が §1 の極限の公式（定理 2-1, p.41）と同じ形でないことである．すなわち，「積の導関数は導関数の積ではない，$(fg)' = f'g + fg'$ で $(fg)' \neq f'g'$」ということと，「商の導関数は導関数の商でない，$\left(\dfrac{f}{g}\right)' = \dfrac{f'g - fg'}{g^2}$ で $\left(\dfrac{f}{g}\right)' \neq \dfrac{f'}{g'}$」である．

ここが理解できると，微積が得意な分野になるであろう．

[証明]　(1)　$(kf(x))' = \lim_{h \to 0} \dfrac{kf(x+h) - kf(x)}{h} = k\lim_{h \to 0} \dfrac{f(x+h) - f(x)}{h}$

$= kf'(x)$　　∴　$(kf(x))' = kf'(x)$

(2) $(f(x) \pm g(x))' = \lim_{h \to 0} \dfrac{\{f(x+h) \pm g(x+h)\} - \{f(x) \pm g(x)\}}{h}$

$= \lim_{h \to 0} \dfrac{f(x+h) - f(x)}{h} \pm \lim_{h \to 0} \dfrac{g(x+h) - g(x)}{h} = f'(x) \pm g'(x)$

（複号同順）

(3) この公式は**ライプニッツの公式**と呼ばれている．

> コラム
> $(fg)' = f'g + fg'$

$(f(x) \cdot g(x))' = \lim_{h \to 0} \dfrac{f(x+h)g(x+h) - f(x)g(x)}{h}$

$= \lim_{h \to 0} \dfrac{1}{h}\{f(x+h)g(x+h) - f(x)g(x+h) + f(x)g(x+h) - f(x)g(x)\}$

$= \lim_{h \to 0} \left\{ \dfrac{f(x+h) - f(x)}{h} \cdot g(x+h) \right\} + \lim_{h \to 0} \left\{ f(x) \cdot \dfrac{g(x+h) - g(x)}{h} \right\}$

$= f'(x)g(x) + f(x)g'(x)$

(4) $\left(\dfrac{f(x)}{g(x)} \right)' = \lim_{h \to 0} \left\{ \dfrac{f(x+h)}{g(x+h)} - \dfrac{f(x)}{g(x)} \right\} \cdot \dfrac{1}{h}$

> コラム
> $\left(\dfrac{f}{g} \right)' = \dfrac{f'g - fg'}{g^2}$

$= \lim_{h \to 0} \dfrac{f(x+h)g(x) - f(x)g(x+h)}{g(x+h)g(x) \cdot h}$

$= \lim_{h \to 0} \left\{ \left(\dfrac{f(x+h) - f(x)}{h} \cdot g(x) - f(x) \cdot \dfrac{g(x+h) - g(x)}{h} \right) \cdot \dfrac{1}{g(x+h) \cdot g(x)} \right\}$

$= \dfrac{f'(x)g(x) - f(x)g'(x)}{(g(x))^2}$ ∎

■ **例 1**（計算） 次の各関数を微分せよ．

(1) $f(x) = 4x^3$　　　　　　　　(2) $f(x) = 5x^7 + 2\cos x - 3\sin x$

(3) $f(x) = x^2 e^x$　　　　　　　(4) $f(x) = e^x \sin x$

(5) $f(x) = \dfrac{\cos x}{e^x}$　　　　　　　(6) $f(x) = \tan x$　$(\cos x \neq 0)$

［解］ (1) $(4x^3)' = 4(x^3)' = 4 \cdot 3x^2 = 12x^2$

(2) $(5x^7 + 2\cos x - 3\sin x)' = 35x^6 - 2\sin x - 3\cos x$

(3) $(x^2 e^x)' = 2xe^x + x^2 e^x = x(x+2)e^x$

(4) $(e^x \sin x)' = e^x \sin x + e^x \cos x = e^x(\sin x + \cos x)$

(5) $(e^{-x} \cos x)' = -e^{-x}\cos x - e^{-x}\sin x = -e^{-x}(\sin x + \cos x)$

(6) $(\tan x)' = \left(\dfrac{\sin x}{\cos x}\right)' = \dfrac{\cos^2 x - \sin x(-\sin x)}{\cos^2 x} = \dfrac{\cos^2 x + \sin^2 x}{\cos^2 x} = \dfrac{1}{\cos^2 x}$

■ 例 2（計算） $\left(\dfrac{1}{g(x)}\right)' = -\dfrac{g'(x)}{(g(x))^2}$ を商の微分法を用いて求めよ．

[解] $\left(\dfrac{f(x)}{g(x)}\right)' = \dfrac{f'(x)g(x) - f(x)g'(x)}{(g(x))^2}$，また，$f(x) = 1$ のとき，$f'(x) = 0$

よって，$\left(\dfrac{1}{g(x)}\right)' = \dfrac{0 \cdot g(x) - 1 \cdot g'(x)}{(g(x))^2} = -\dfrac{g'(x)}{(g(x))^2}$

---コラム---
$\left(\dfrac{1}{g}\right)' = -\dfrac{g'}{g^2}$

■ 例 3（計算） $y = \dfrac{1}{x^n}$ ($x \neq 0$, n：自然数) を微分せよ．

[解] $\left(\dfrac{1}{x^n}\right)' = -\dfrac{(x^n)'}{(x^n)^2} = -\dfrac{nx^{n-1}}{x^{2n}} = -\dfrac{n}{x^{n+1}} = -nx^{-n-1}$

この計算例 3，§3 の例 6（計算），定理 2-7 の (1) をあわせると，任意の**整数** m に対して，次の公式が得られる．

---x^m の微分公式／覚えておこう---

公式 1. $(x^m)' = mx^{m-1}$ （m：整数）

[合成関数（関数の関数）の微分法]
$$y = f(g(x)) \tag{①}$$

の微分法について考えよう．ここで，$f(x), g(x)$ は共に定数でない微分可能な関数とする．

$t = g(x)$ とおくと，①式は $y = f(t)$ となる．さらに，
$$k = g(x+h) - g(x)$$
とおくと，
$$h \to 0 \implies k \to 0$$
となる．また，$g(x+h) = g(x) + k = t + k$ であるから
$$\frac{dy}{dx} = (f(g(x)))' = \lim_{h \to 0} \frac{f(g(x+h)) - f(g(x))}{h}$$
$$= \lim_{h \to 0} \frac{f(t+k) - f(t)}{h}$$
$$= \lim_{h \to 0 (k \to 0)} \left\{ \frac{f(t+k) - f(t)}{k} \cdot \frac{g(x+h) - g(x)}{h} \right\}$$
$$= f'(t) \cdot g'(x) = \frac{dy}{dt} \cdot \frac{dt}{dx} \qquad ②$$

よって，以上まとめると，次の定理が得られる．

―――――――――――――――――― 合成関数の微分法 ――

定理 2-9 合成関数（関数の関数）の微分法
$y = f(g(x)), t = g(x)$ とおき，$y = f(t), t = g(x)$ は共に与えられている区間で微分可能とする．その区間で次が成り立つ．
$$\frac{dy}{dx} = \frac{dy}{dt} \cdot \frac{dt}{dx} = \frac{d}{dt} f(t) \cdot \frac{d}{dx} g(x) = f'(t) \cdot g'(x)$$

この合成関数の微分法が，多くの微分法の公式を簡素化している．このことについて説明しておこう．

まず，$y = f(x)$ のとき，$\dfrac{dy}{dx} = f'(x)$ で，$\dfrac{dy}{dx}$ は分数でなく，記号として扱ってきたが，ここでの合成関数の微分法「$\dfrac{dy}{dx} = \dfrac{dy}{dt} \cdot \dfrac{dt}{dx}$」は分数として扱ってよいことを示している．よって，次の定理を得る．

逆関数・媒介変数関数の微分法と微分

定理 2-10
I. $\dfrac{dy}{dx} = 1 \bigg/ \dfrac{dx}{dy}$ 　　　II. $\dfrac{dy}{dx} = \left(\dfrac{dy}{dt}\right) \bigg/ \left(\dfrac{dx}{dt}\right)$

III. $dy = f'(x)dx$

これらの詳しい証明は，ここでは省略する．

■ **例4**（計算）　次の各関数を微分せよ．

(1) $y = (x^3 + 5x)^8$ 　　　　　(2) $y = \log|x|$ 　$(x \neq 0)$

［解］(1) $t = x^3 + 5x$ とおくと，$y = t^8$

$$\therefore \quad \dfrac{dy}{dx} = \dfrac{dy}{dt} \cdot \dfrac{dt}{dx} = 8t^7 \cdot (3x^2 + 5) = 8(x^3 + 5x)^7(3x^2 + 5)$$

(2) (i) $x > 0$ のとき，$y = \log x$ 　　$\therefore \quad y' = \dfrac{1}{x}$

(ii) $x < 0$ のとき，$t = -x$ とおくと，$y = \log t$

$$\therefore \quad \dfrac{dy}{dx} = \dfrac{dy}{dt} \cdot \dfrac{dt}{dx} = \dfrac{1}{t} \cdot (-1) = \dfrac{1}{-x} \cdot (-1) = \dfrac{1}{x}$$

よって，(i)，(ii) から，$(\log|x|)' = \dfrac{1}{x}$ 　　　　　　　　　　　■

■ **例5**（計算）　$y = \log|f(x)|$ を微分せよ．

［解］$t = f(x)$ とおくと，$y = \log|t|$．例4（計算）の (2) を適用すると，

$$\frac{dy}{dx} = \frac{dy}{dt} \cdot \frac{dt}{dx} = \frac{1}{t} \cdot f'(x) = \frac{f'(x)}{f(x)} \qquad \therefore \quad (\log|f(x)|)' = \frac{f'(x)}{f(x)} \qquad \blacksquare$$

対数関数の微分法

公式 2. $(\log|f(x)|)' = \dfrac{f'(x)}{f(x)} \quad (f(x) \neq 0)$

■ **例 6**（計算） $y = x^p$ $(x > 0,\ p:$ 実数$)$ を微分せよ．

[解] 両辺の対数をとる．$\log y = \log x^p \qquad \therefore \quad \log y = p \log x$
この両辺を x で微分すると

$$\frac{y'}{y} = p \cdot \frac{1}{x} \qquad \therefore \quad y' = p \cdot \frac{y}{x} \qquad \therefore \quad y' = p \cdot \frac{x^p}{x} \qquad \therefore \quad (x^p)' = p x^{p-1}$$

$\blacksquare$

---

x^p（$p:$ 実数, $x > 0$）の微分法

公式 3. $(x^p)' = p x^{p-1} \quad (p:$ 実数, $x > 0)$

■ **例 7**（計算） 次の各関数を微分せよ．

(1) $y = x^{\sqrt{3}}$ \qquad\qquad (2) $y = x^\pi$

[解] (1) $y' = \sqrt{3}\, x^{\sqrt{3}-1}$ \qquad (2) $y' = \pi x^{\pi-1}$ $\qquad \blacksquare$

■ **例 8**（計算） $y = \log x$ の導関数を $(e^x)' = e^x$ を用いて求めよ．

[解] $y = \log x \Leftrightarrow x = e^y \qquad \therefore \quad \dfrac{dy}{dx} = \dfrac{1}{\dfrac{dx}{dy}} = \dfrac{1}{e^y} = \dfrac{1}{x}$

$$\therefore \quad (\log x)' = \frac{1}{x} \qquad \blacksquare$$

[逆関数]

関数 $y = \sin x$ の x と y を入れ換えた関数

$$x = \sin y \qquad ③$$

について，例えば $x = 0$ のときの y の値は $n\pi$ ($n = 0, \pm 1, \pm 2, \cdots$) と無数に存在するから，このままでは，$y$ で解いた逆関数は存在しない．しかし，y の定義域を

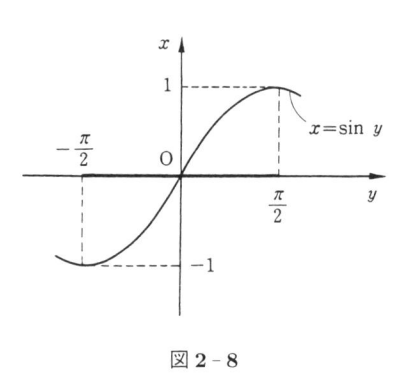

$$-\frac{\pi}{2} \leqq y \leqq \frac{\pi}{2} \qquad ④$$

図 2-8

に制限して考えると，$x = \sin y$ は単調増加である．これを y について解いた関数を

$$y = \sin^{-1} x \qquad ⑤$$

と表し，$y = \overset{\text{アークサイン}}{\text{arcsin}} x$ と読む．このとき，y のとり得る範囲 $-\dfrac{\pi}{2} \leqq y \leqq \dfrac{\pi}{2}$ を $\sin^{-1}$ ($\overset{\text{アークサイン}}{\text{arcsin}}$) の**主値**と呼ぶ．

同様に，$x = \cos y$ を $0 \leqq y \leqq \pi$ で，y について解いた関数

$$y = \cos^{-1} x \qquad ⑥$$

と表し，$y = \overset{\text{アークコサイン}}{\text{arccos}} x$ と読む．このとき，y がとり得る範囲 $0 \leqq y \leqq \pi$ を $\cos^{-1}$ ($\overset{\text{アークコサイン}}{\text{arccos}}$) の**主値**と呼ぶ．

また，$x = \tan y$ は $-\dfrac{\pi}{2} < y < \dfrac{\pi}{2}$ で y について解くことができる．これを y について解いた関数を

$$y = \tan^{-1} x \qquad ⑦$$

と表し，$y = \overset{\text{アークタンジェント}}{\text{arctan}} x$ と読む．このとき，y のとり得る範囲 $-\dfrac{\pi}{2} < y < \dfrac{\pi}{2}$ を $\tan^{-1}$ ($\overset{\text{アークタンジェント}}{\text{arctan}}$) の**主値**と呼ぶ．

ここに新しく登場した $\sin^{-1} x$, $\cos^{-1} x$, $\tan^{-1} x$ を総称して，**逆三角関数**と呼ぶ．

第 2 章 微 分 法

■ **例 9**（計算） 次の各逆三角関数を定理 2-10 の I を用いて微分せよ．

(1) $y = \sin^{-1} x \quad (|x| < 1)$

(2) $y = \cos^{-1} x \quad (|x| < 1)$

(3) $y = \tan^{-1} x$

[解] (1) $x = \sin y \quad \therefore \quad \dfrac{dx}{dy} = \cos y. \quad \sin^{-1}$ の主値 $-\dfrac{\pi}{2} \leqq y \leqq \dfrac{\pi}{2}$

$\therefore \quad \cos y \geqq 0$

よって，$\cos y = \sqrt{1 - \sin^2 y} = \sqrt{1 - x^2}$

$$\therefore \quad \frac{dy}{dx} = \frac{1}{\dfrac{dx}{dy}} = \frac{1}{\sqrt{1-x^2}} \qquad \therefore \quad (\sin^{-1} x)' = \frac{1}{\sqrt{1-x^2}} \qquad ⑧$$

(2) $x = \cos y \quad \therefore \quad \dfrac{dx}{dy} = -\sin y. \quad \cos^{-1}$ の主値 $0 \leqq y \leqq \pi \quad \therefore \quad \sin y \geqq 0$

$$\therefore \quad \frac{dy}{dx} = 1 \bigg/ \left(\frac{dx}{dy}\right) = -\frac{1}{\sqrt{1-x^2}}$$

$$\therefore \quad (\cos^{-1} x)' = -\frac{1}{\sqrt{1-x^2}} \qquad ⑨$$

(3) $x = \tan y \quad \therefore \quad \dfrac{dx}{dy} = \dfrac{1}{\cos^2 y} = 1 + \tan^2 y = 1 + x^2$

$$\therefore \quad \frac{dy}{dx} = 1 \bigg/ \left(\frac{dx}{dy}\right) = \frac{1}{1+x^2} \qquad \therefore \quad (\tan^{-1} x)' = \frac{1}{1+x^2} \qquad □$$

■ **例 10**（計算） 媒介変数表示の関数 $\alpha = \cos^3 \theta, \ \beta = \sin^3 \theta$ の $\dfrac{d\beta}{d\alpha}$ を求めよ．

[解] $\dfrac{d\beta}{d\alpha} = \left(\dfrac{d\beta}{d\theta}\right) \bigg/ \left(\dfrac{d\alpha}{d\theta}\right) = \dfrac{3 \sin^2 \theta \cos \theta}{3 \cos^2 \theta (-\sin \theta)} = -\dfrac{\sin \theta}{\cos \theta} = -\tan \theta \qquad □$

この例からわかるように，変数の文字が $x, y, \cdots$ でもギリシャ文字でも「微分する」という意味は同じである．

■ 例 11（計算） 次の各関数を微分せよ.
(1)　$f(\alpha) = 3\alpha^3 + 2\alpha + 1$　　　(2)　$f(a) = e^a \sin a$

[解]　(1)　$f'(\alpha) = 9\alpha^2 + 2$
(2)　$f'(a) = e^a \sin a + e^a \cos a = e^a(\sin a + \cos a)$　　■

練習問題 2-4

A-1 次の各関数を微分せよ.
(1)　$y = x^3(x+1)^2$　　　(2)　$y = x(x-1)(x^2+3)$
(3)　$y = \dfrac{x^2}{x+1}$　　　(4)　$y = \dfrac{x}{x^2+1}$
(5)　$y = \log(x^2+3)$　　　(6)　$y = \log \sin x$

A-2 次の各関数を微分せよ.
(1)　$f(a) = (a^2+1)(a^2+2)$　　　(2)　$f(\alpha) = (\alpha^2+1)(\alpha^2+2)(\alpha^2+3)$
(3)　$f(t) = \dfrac{1}{t^2+t+1}$　　　(4)　$f(\xi) = \dfrac{\xi^2}{\xi^3+1}$

A-3 $y = x^3$ のとき, y', y'', y''', $y^{(4)}$ を求めよ.

A-4 $y = \dfrac{1}{x}$ のとき, $y^{(n)}$ $(n = 1, 2, \cdots)$ を求めよ.

B-1 次の各関数の $\dfrac{dy}{dx}$ を求めよ.
(1)　$y = \sin^{-1}(x^2)$　　　(2)　$y = \tan^{-1}(\cos x)$
(3)　$\begin{cases} x = \sin 2t \\ y = \cos 3t \end{cases}$　　　(4)　$x = \dfrac{3t}{1+t^3}$, $y = \dfrac{3t^2}{1+t^3}$

B-2 次の各問いに答えよ.
(1)　$y = \sin x$ のとき, y', y'', y''', $y^{(4)}$ を求めよ.
(2)　$y = \sin x$ の $y^{(n)}$ $(n = 1, 2, \cdots)$ を求めよ.

B-3 次の各問いに答えよ.
(1)　$y = \cos x$ のとき, y', y'', y''', $y^{(4)}$ を求めよ.
(2)　$y = \cos x$ の $y^{(n)}$ $(n = 1, 2, \cdots)$ を求めよ.

B-4 次の各問いに答えよ.
(1)　$y = e^x \sin x$ のとき, y', y'' を求めよ.
(2)　$y = e^x \sin x$ の $y^{(n)}$ $(n = 1, 2, \cdots)$ を求めよ.

第2章の演習問題

A-2-1 次の各極限値を求めよ．

(1) $\displaystyle\lim_{x\to -2}\frac{x^3+8}{x+2}$ (2) $\displaystyle\lim_{x\to 0}\frac{\tan 3x}{\sin 2x}$

A-2-2 $\displaystyle\lim_{x\to a}f(x)=b$ とする．このとき，
「$x=a$ のとき，$f(x)$ の値は，b である」
という命題は正しいかどうかを判定せよ．

A-2-3 方程式 $x^3-2x+2=0$ は区間 $(-2,\,1)$ の中で1つの実数解をもつことを示せ．

A-2-4 次の各関数の導関数を求めよ（微分せよ）．

(1) $y=(x-1)^2(x+2)^3$ (2) $y=\dfrac{x^2+3}{x-1}$

(3) $y=-x^2+x\log x$ (4) $y=\sec x$

B-2-1 次の各極限値を求めよ．

(1) $\displaystyle\lim_{x\to 0}\frac{1}{x}(e^{x/3}-1)$ (2) $\displaystyle\lim_{x\to 0}\frac{e^{2x}-1}{\log(1-3x)}$

B-2-2 閉区間 $[a,b]$ 上で定義された連続関数 $f(x)$ が，x が有理数のとき，$f(x)=0$ となるならば，すべての実数 x に対して，$f(x)=0$ であることを示せ．

B-2-3 関数 $f(x)$ に対し，$f'(x_0)$ が存在するとき，
$$\lim_{h\to 0}\frac{f(x_0+h)-f(x_0-h)}{h}=2f'(x_0)$$
となることを示せ．

B-2-4 次の各関数を微分せよ．

(1) $y=\sqrt[3]{x^4-3x+2}$ (2) $y=x^{1/x}\quad(x>0)$

(3) $y=\cos^{-1}\left(\dfrac{1}{x}\right)\,(|x|>1)$ (4) $\begin{cases}x=\sin 2t\\ y=\cos t\end{cases}$

第3章 微分法の応用

前の章では「微分法」の考え方を知り，またさまざまな関数を微分して導関数を得る方法を学んだ．この章では，導関数を用いて得ることができる大事な事項を学ぶ．

その1つは，関数の多項式展開と言われるものでありはじめて学ぶ人は「何でこのようなことをするのか」と疑問に思うかも知れないが，理工学への活用にはなくてはならないものでありかつ数学の「解析学」の中心事項でもある．

2つめは，極限値が分母も分子もともに0になるか，無限大になるかの「不定形の極限」を求めるのに役立つ「ロピタルの定理」を説明する．この証明には一定の区間内での関数と導関数との間に成り立つ幾つかの性質 — 代表的な定理は「平均値の定理」— が必要となるので，これを解説する．

§1 テーラー展開

何回でも微分できて，その微分した関数が有界な関数 $f(x)$ を，点 a の近くで多項式近似したものがテーラー展開である．とくに，$a=0$ のときがマクローリン展開である．

関数 $f(x)$ のマクローリン展開
$$f(x) = A_0 + A_1 x + A_2 x^2 + \cdots + A_n x^n + \cdots$$
から解説をする．

> **コラム**
> $f(x)$ が有界とは $|f(x)| \leqq K < \infty$ となる K が存在することである．

この節での関数は，何回でも微分できて，その微分した関数も有界となる関数である．ここで $f(x)$ が次の①式で表されるとする．
$$f(x) = A_0 + A_1 x + A_2 x^2 + \cdots + A_n x^n + \cdots \quad ①$$
このとき，$x = 0$ を代入すると，$f(0) = A_0$
$$f'(x) = A_1 + A_2 \cdot 2x + A_3 \cdot 3x^2 + \cdots + A_n n x^{n-1} + \cdots$$
$x = 0$ を代入すると　$f'(0) = A_1$
$$f''(x) = A_2 \cdot 2 \times 1 + A_3 \cdot 3 \times 2x + \cdots + A_n \cdot n(n-1)x^{n-2} + \cdots$$
$x = 0$ を代入すると　$f''(0) = A_2 \cdot 2 \times 1 = A_2 \cdot 2!$
$$f'''(x) = A_3 \cdot 3 \times 2 \times 1 + A_4 \cdot 4 \times 3 \times 2x + \cdots$$
$$\qquad + A_n \cdot n(n-1)(n-2)x^{n-3} + \cdots$$
$$f'''(0) = A_3 \cdot 3!$$
$$f^{(4)}(x) = A_4 \cdot 4 \times 3 \times 2 \times 1 + A_5 \cdot 5 \times 4 \times 3 \times 2x + \cdots$$
$$f^{(4)}(0) = A_4 \cdot 4!$$
同様にして，
$$f^{(n)}(0) = A_n \cdot n!$$
よって，$A_0 = f(0)$, $A_1 = f'(0)$, $A_2 = \dfrac{f''(0)}{2!}$,

$$\cdots, A_n = \frac{f^{(n)}(0)}{n!}, \cdots \qquad ②$$

これらを①式に代入すると，次の $f(x)$ のマクローリン展開が得られる．

$$\therefore f(x) = f(0) + \frac{f'(0)}{1!}x + \frac{f''(0)}{2!}x^2 + \cdots$$

$$+ \frac{f^{(n)}(0)}{n!}x^n + \cdots \qquad ③$$

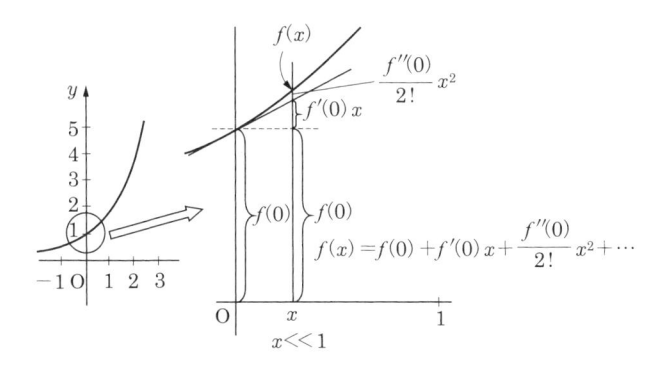

図 3 - 1

条件の $f(x)$ が何回でも微分できて，その微分した関数が有界であるから

$$|f^{(n)}(0)| \leqq K < \infty \qquad ④$$

なる K が存在することを意味している．

$$\left|\frac{f^{(n)}(0)}{n!}x^n\right| \leqq K\left|\frac{x}{1} \cdot \frac{x}{2} \cdot \cdots \cdot \frac{x}{n}\right| \rightarrow 0 \, (n \rightarrow \infty) \qquad ⑤$$

であるから，$f(x)$ は $x=0$ の近くで

$$f(0) + f'(0)x + \frac{f''(0)}{2!}x^2 + \cdots$$

と多項式近似できることを示している．ここで，$y = f(0) + f'(0)x$ は，点 $(0, f(0))$ における $y = f(x)$ の接線である．

また，$x = a$ での多項式近似であるテーラー展開は①を次のようにおく．

$$f(x) = A_0 + A_1(x-a) + A_2(x-a)^2 + \cdots + A_n(x-a)^n + \cdots \quad ⑥$$

とおき，マクローリン展開と同様な計算をすると，次の**テーラー展開**を得る．

第 3 章　微分法の応用

$$f(x) = f(a) + f'(a)(x-a) + \frac{f''(a)}{2!}(x-a)^2$$
$$+ \cdots + \frac{f^{(n)}(a)}{n!}(x-a)^n + \cdots \qquad ⑦$$

■ **例 1**　$\sin x$ のマクローリン展開は次で与えられることを示せ.
$$\sin x = x - \frac{1}{3!}x^3 + \frac{1}{5!}x^5 - \frac{1}{7!}x^7 + \cdots \qquad ⑧$$

［解］　$f(x) = \sin x$ とおく.
$$f'(x) = \cos x = \sin\left(x + \frac{\pi}{2}\right), \cdots, f^{(n)}(x) = \sin\left(x + \frac{n\pi}{2}\right), \cdots$$
$$f(0) = 0,\ f'(0) = 1, f''(0) = 0,\ f'''(0) = -1$$
$$\therefore\ \sin x = 0 + x + 0 - \frac{1}{3!}x^3 + 0 + \frac{1}{5!}x^5 + 0 - \frac{1}{7!}x^7 + \cdots \qquad ■$$

また, $|x|$ が十分小さいとき, $\sin x \fallingdotseq x$ を得る.

■ **例 2**　次の各関数をマクローリン展開せよ.

(1)　e^x 　　　　　　　　　　(2)　$\cos x$

［解］　(1)　$f(x) = e^x$ とおく. $f^{(n)}(x) = e^x$ 　$\therefore$ 　$f^{(n)}(0) = 1$
$$\therefore\ e^x = 1 + x + \frac{1}{2!}x^2 + \frac{1}{3!}x^3 + \frac{1}{4!}x^4 + \cdots \qquad ⑨$$

(2)　$f(x) = \cos x$ とおく. $f'(x) = -\sin x = \cos\left(x + \frac{\pi}{2}\right), \cdots$
$$f^{(n)}(x) = \cos\left(x + \frac{n\pi}{2}\right), \cdots$$
$$f(0) = 1,\ f'(0) = 0,\ f''(0) = -1,\ f'''(0) = 0$$
$$\therefore\ \cos x = 1 - \frac{1}{2!}x^2 + \frac{1}{4!}x^4 - \frac{1}{6!}x^6 + \cdots \qquad ⑩$$

$$\blacksquare$$

いま, 虚数単位 $i\,(i^2 = -1)$ について,

§1 テーラー展開 71

$$i^3 = -i, \quad i^4 = 1, \quad i^5 = i, \quad i^6 = -1, \quad i^7 = -i, \quad i^8 = 1, \cdots$$

よって, ⑨式から

$$e^{ix} = 1 + (ix) + \frac{1}{2!}(ix)^2 + \frac{1}{3!}(ix)^3 + \frac{1}{4!}(ix)^4 + \cdots$$

$$\therefore \quad e^{ix} = \left(1 - \frac{1}{2!}x^2 + \frac{1}{4!}x^4 - \frac{1}{6!}x^6 + \cdots\right)$$

$$+ i\left(x - \frac{1}{3!}x^3 + \frac{1}{5!}x^5 - \frac{1}{7!}x^7 + \cdots\right) \quad \text{⑪}$$

⑧, ⑩式を⑪式に代入すると**オイラー (Euler) の公式**と呼ばれる次式を得る.

$$e^{ix} = \cos x + i \sin x \quad \text{⑫}$$

また, ⑨式において, $x=1$ とおくと,

$$e = 1 + 1 + \frac{1}{2!} + \frac{1}{3!} + \cdots = \lim_{n \to \infty}\left(1 + \frac{1}{n}\right)^n \quad \text{⑬}$$

■ **例3**（計算） $(1+x)^3$ のマクローリン展開を求めよ.

［解］ $f(x) = (1+x)^3$ とおく, $f'(x) = 3(1+x)^2$, $f''(x) = 3 \cdot 2(1+x)$, $f'''(x) = 3!$, $f^{(n)}(x) = 0 \ (n \geqq 4)$

$$\therefore \quad (1+x)^3 = f(0) + f'(0)x + \frac{f''(0)}{2!}x^2 + \frac{f'''(0)}{3!}x^3 = 1 + 3x + 3x^2 + x^3 \quad \blacksquare$$

定理 3-1 $(1+x)^p$ （p は実数）のマクローリン展開は次である.

$$(1+x)^p = 1 + \binom{p}{1}x + \binom{p}{2}x^2 + \binom{p}{3}x^3 + \cdots$$

ここで, 記号 $\binom{p}{k} = \dfrac{p(p-1)\cdots(p-k+1)}{k!}$ （k：自然数）

$$\binom{p}{0} = 1$$

[証明] $f(x) = (1+x)^p$ とおく．$f'(x) = p(1+x)^{p-1}$, $f''(x) = p(p-1)(1+x)^{p-2}$, $\cdots$, $f^{(n)}(x) = p(p-1)\cdots(p-n+1)(1+x)^{p-n}$, $\cdots$

$$\therefore\ f(x) = f(0) + f'(0)x + \frac{f''(0)}{2!}x^2 + \frac{f'''(0)}{3!}x^3 + \frac{f^{(4)}(0)}{4!}x^4 + \cdots$$

$$\therefore\ \boldsymbol{f(x) = 1 + \binom{p}{1}x + \binom{p}{2}x^2 + \binom{p}{3}x^3 + \cdots}\qquad\blacksquare$$

練習問題 3‐1

A‐1 次の各関数のマクローリン展開を求めよ．

(1) $\dfrac{1}{1-x}$ (2) $\log(1+x)$

A‐2 次の各関数のマクローリン展開を求めよ．

(1) $\sqrt{1+x}$ (2) $\sqrt[3]{1-x}$

B‐1 次の各関数のマクローリン展開を求めよ．

(1) $\dfrac{1}{(1-2x)^2}$ (2) $\log(1+2x)$

B‐2 次の各関数のマクローリン展開を x の 3 次式まで求めよ．

(1) $(1+x)^{3/2}$ (2) $\log(1+x+x^2)$
(3) $\tan^{-1} x$ (4) $e^x \sin x$

§2 平均値の定理

> この節では，分数の分母も分子も 0 あるいは ∞ となる「不定形」の極限を求めるのに有用な「ロピタルの定理」について解説する．この証明のために必要な定理の中で「平均値の定理」は数学ではとても大事である．

まず，微分可能な関数は連続であるということを示しておこう．

> **定理 3-2** 関数 $f(x)$ が $x = a$ で微分可能なら連続である

[証明] $f(x)$ が $x = a$ で微分可能であるから，$\displaystyle\lim_{x-a\to 0}\frac{f(x)-f(a)}{x-a} = f'(x)$

よって，$\displaystyle\lim_{x-a\to 0}\{f(x)-f(a)\} = \lim_{x-a\to 0}\left\{\frac{f(x)-f(a)}{x-a}\cdot(x-a)\right\} = f'(a)\cdot 0 = 0$ ∎

さらに，関数 $f(x)$ が閉区間 $[a, b]$ で連続で，定数関数でなく，$f(a) = f(b)$ とする．このとき，$f(x) > f(a)$ とすると，$f(x)$ は (a, b) で最大値をもつ．この証明は，通常，背理法による．

$f(x)$ が $[a, b]$ で最大値をもたないとする．$f(x)$ は区間内のどれかの点で ∞ になるから，その点で連続でなくなる．よって，最大値をとる．

また，$f(x)$ は (a, b) で $f(x) < f(a)$ のときは，(a, b) で最大値のときと同様に，最小値をもつことになる．

以上，まとめると，

> ─── $f(x)$ の閉区間での最大・最小 ───
> **定理 3-3** 関数 $f(x)$ が閉区間 $[a, b]$ で連続ならば，定数関数でなく，$f(a) = f(b)$ のとき，$f(x)$ は (a, b) で最大値か最小値を，必ずとる．

これらの準備の下で，ロルの定理について説明しよう．

> ─── 閉区間で微分可能な関数の性質 I ───
> **定理 3-4** （ロル（Rolle）の定理）
> 関数 $f(x)$ は $[a, b]$ を含む区間で微分可能なとき，$f(a) = f(b)$ ならば，区間 (a, b) 内にある点 c が存在して，次のようになる．

$$f'(c) = 0$$

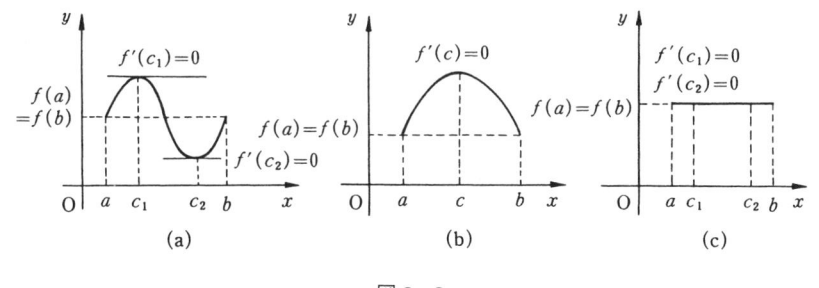

図 3 - 2

この定理も直観的には，きわめて当然なことを表している．

[証明] $f(x)$ が定数関数のとき，$f'(x) = 0$ である．よって (a, b) 内のすべての点で $f'(x) = 0$ をみたす．

$f(x)$ が定数関数でないとする．このとき，$f(x)$ は (a, b) 内で最大値か最小値をとる．いま，$a < c < b$ なる c で，$f(c)$ が最大とする．

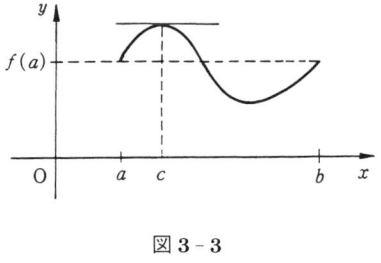

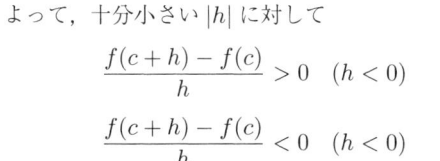

よって，十分小さい $|h|$ に対して

$$\frac{f(c+h) - f(c)}{h} > 0 \quad (h < 0)$$

$$\frac{f(c+h) - f(c)}{h} < 0 \quad (h < 0)$$

図 3 - 3

ここで，$h \to 0$ とすると，$f'(c)$ が存在するから，$f'(c) = 0$ となる．
$f(c)$ が最小のときも最大と同様にして，$f'(c) = 0$ が得られる． ■

この定理 3 - 4（ロルの定理）から，次のコーシーの平均値の定理が得られる．

―――――――― 閉区間で微分可能な関数の性質 II ――――――――

定理 3 - 5 （コーシー（**Cauchy**）の平均値の定理）

2 つの関数 $f(x), g(x)$ が $[a, b]$ を含む開区間で微分可能とする．

さらに，(a, b) 内の各点 x で $g'(x) \neq 0$ とし，$g(a) \neq g(b)$ とする．このとき，$a < c < b$ なる c が存在して，次の関係式をみたす．
$$\frac{f(b) - f(a)}{g(b) - g(a)} = \frac{f'(c)}{g'(c)}$$

[証明] $F(x) = \dfrac{f(b) - f(a)}{g(b) - g(a)}(g(x) - g(a)) - (f(x) - f(a))$ ①

とおく．このとき，$F(a) = 0$，$F(b) = 0$，この $F(x)$ にロルの定理を適用すると，$a < c < b$ なる c が存在して，$F'(c) = 0$ をみたす．
よって，$F(x)$ を x で微分し，$x = c$ を代入して整理すると，証明が終わる． ∎

この定理 3-5 において，特に，$g(x) = x$ の場合には，**平均値の定理**と呼ばれる次の定理が得られる．

───────────── 閉区間で微分可能な関数の性質 III ─────────────

定理 3-6. （平均値の定理）

関数 $y = f(x)$ を $[a, b]$ を含む開区間で微分可能とする．このとき，(a, b) 内に点 c が存在して，次の式をみたす．
$$f'(c) = \frac{f(b) - f(a)}{b - a} \qquad ②$$

②式で $b = x$ とおくと，②式は次のように変形できる．
$$f(x) = f'(c)(x - a) + f(a) \quad (a < c < x) \qquad ③$$
ここで，すべての x に対して，$\boldsymbol{f'(x) = 0}$ ならば，$f'(c) = 0$ となり，③式から
$$\therefore \quad \boldsymbol{f(x) = f(a)} \quad \text{（定数関数）} \qquad ④$$
さらに，定理 3-5 から次の定理が得られる．

第 3 章　微分法の応用

不定形の極限の定理 I

定理 3-7　（ロピタル（l'Hospital）の定理 I）
2 つの関数，$f(x)$, $g(x)$ は点 $x = a$ の近くで微分可能であるとし，$f(a) = g(a) = 0$ のとき，$\displaystyle\lim_{x \to a} \frac{f'(x)}{g'(x)}$ が存在すれば，

$$\lim_{x \to a} \frac{f(x)}{g(x)} = \lim_{x \to a} \frac{f'(x)}{g'(x)} \quad (a = \infty \text{ も含める})$$

［証明］定理 3-5 において，$f(a) = g(a) = 0$ の場合

$$\frac{f(b)}{g(b)} = \frac{f'(c)}{g'(c)} \quad (a < c < b)$$

ここで，$b \to a$ とすると，$c \to a$ であるから $\displaystyle\lim_{b \to a} \frac{f(b)}{g(b)} = \lim_{c \to a} \frac{f'(c)}{g'(c)}$ よって，b と c を改めて x で表して定理を得る．　□

■ **例 1**（計算）　次の各極限値をロピタルの定理 I を用いて求めよ．

(1) $\displaystyle\lim_{x \to 0} \frac{\sin x}{x}$ 　　(2) $\displaystyle\lim_{x \to 0} \frac{\log(1 + x)}{x}$

(3) $\displaystyle\lim_{x \to 0} \frac{e^x - 1}{x}$

［解］(1) $\displaystyle\lim_{x \to 0} \frac{\sin x}{x} = \lim_{x \to 0} \frac{\cos x}{1} = 1$

(2) $\displaystyle\lim_{x \to 0} \frac{\log(1 + x)}{x} = \lim_{x \to 0} \frac{1/(1 + x)}{1} = 1$

(3) $\displaystyle\lim_{x \to 0} \frac{e^x - 1}{x} = \lim_{x \to 0} \frac{e^x}{1} = 1$ 　　□

■ **例 2**（計算）　次の極限値を求めよ．

(1) $\displaystyle\lim_{x \to 0} \frac{1 - \cos x}{x^2}$ 　　(2) $\displaystyle\lim_{x \to 2} \frac{x^4 - 8x^2 + 16}{x^2 - 4x + 4}$

[解] (1) $\displaystyle\lim_{x\to 0}\frac{1-\cos x}{x^2} = \lim_{x\to 0}\frac{\sin x}{2x} = \lim_{x\to 0}\frac{\cos x}{2} = \frac{1}{2}$

(2) $\displaystyle\lim_{x\to 2}\frac{x^4-8x^2+16}{x^2-4x+4} = \lim_{x\to 2}\frac{4x^3-16x}{2x-4} = \lim_{x\to 2}\frac{12x^2-16}{2} = 16$ ■

また，次の定理も成り立つ．

───── 不定形の極限の定理 II ─────

定理 3-8 （ロピタル（l'Hospital）の定理 II）

2つの関数 $f(x), g(x)$ は点 $x=a$（a は除く）の近くで微分可能であるとし，$\displaystyle\lim_{x\to a}f(x) = \infty$, $\displaystyle\lim_{x\to a}g(x) = \infty$ のとき，

$$\lim_{x\to a}\frac{f(x)}{g(x)} = \lim_{x\to a}\frac{f'(x)}{g'(x)} \quad (a=\infty \text{ も含める})$$

証明は，前定理とほとんど同じであるから，ここでは省略する．

■ **例 3**（計算） 次の各極限値を求めよ．

(1) $\displaystyle\lim_{x\to\infty}\frac{x^3}{e^x}$ 　　　　(2) $\displaystyle\lim_{x\to +0}x\log x$

[解] (1) 与式 $= \displaystyle\lim_{x\to\infty}\frac{3x^2}{e^x} = \lim_{x\to\infty}\frac{6x}{e^x} = \lim_{x\to\infty}\frac{6}{e^x} = 0$

(2) 与式 $= \displaystyle\lim_{x\to +0}\frac{\log x}{1/x} = \lim_{x\to +0}\frac{1/x}{-1/x^2} = \lim_{x\to +0}(-x) = 0$ ■

■ **例 4**（計算） $\displaystyle\lim_{x\to +0}x^x$ $(x>0)$ を求めよ．

[解] $y=x^x$ とおく，両辺の対数をとると，$\log y = x\log x$ 例 3 から $\displaystyle\lim_{x\to +0}x\log x = 0$

よって，$\lim_{x \to +0} \log x^x = 0$ ∴ $\lim_{x \to +0} x^x = 1$ ■

練習問題 3-2

A-1 $f(x) = x^2 - 4x$ は，$f(0) = f(4)$ でロルの定理の条件をみたしている．$f'(c) = 0$ となる数 c を求めよ．

A-2 $f(x) = x^2$ のとき，$\dfrac{f(3) - f(1)}{3 - 1} = f'(c)$ をみたす数 c を求めよ．

A-3 次の各極限値を求めよ．

  (1) $\displaystyle\lim_{x \to 0} \dfrac{e^x - 1 - x}{x^2}$ (2) $\displaystyle\lim_{x \to 0} \dfrac{x - \log(1 + x)}{x^2}$

B-1 $f'(x) = g'(x)$ ならば $f(x) - g(x) = C$（定数）を証明せよ．

B-2 $f(x) = \log x$ のとき，$\dfrac{f(e) - f(1)}{e - 1} = f'(c)$ をみたす数 c を求めよ．

B-3 次の極限値を求めよ．

  (1) $\displaystyle\lim_{x \to \infty} \dfrac{x^n}{e^x}$ (n は自然数)   (2) $\displaystyle\lim_{x \to 0} \dfrac{x - \sin x}{x^3}$

コラム

ライプニッツの定理 2つの関数 $f(x), g(x)$ が何回でも微分可能ならば，
$$(fg)^{(n)} = {}_nC_0 f^{(n)} g + {}_nC_1 f^{(n-1)} g' + {}_nC_2 f^{(n-2)} g'' + \cdots + {}_nC_n f g^{(n)}$$
が成り立つ．

証明は2項定理
$$(a + b)^n = {}_nC_0 a^n + \cdots + {}_nC_r a^{n-r} b^r + \cdots + {}_nC_n b^n$$
$${}_nC_r = \dfrac{n!}{r!(n-r)!}$$
と同様に数学的帰納法による．

$f(x) = x^2 e^x$ の n 次導関数は，公式に代入して
$$\begin{aligned} f^{(n)} = (e^x \cdot x^2)^{(n)} &= {}_nC_0 e^x \cdot x^2 + {}_nC_1 e^x \cdot 2x + {}_nC_2 e^x \cdot 2 \\ &= x^2 e^x + 2nx e^x + n(n-1) e^x \\ &= \{x^2 + 2nx + n(n-1)\} e^x \end{aligned}$$

§3 関数の増減とそのグラフの凹凸

この節では，1次導関数が関数の増減の情報をもっていて，2次導関数が関数のグラフの凹凸の情報をもっていることを利用して，関数のグラフの概形を描く．これは関数の特徴や性質を理解するのにも役立つ．

関数 $f(x)$ の導関数 $f'(x)$ は，定義から，$y = f(x)$ のグラフの点 x での接線の傾きを表している．このことから，この節で基本となる次の定理をあげる．

─── 1次導関数による関数の増減の判定 ───

定理 3-9 $f(x)$ を $[a, b]$ を含む開区間で微分可能とする．
(a, b) でつねに $f'(x) > 0$ ならば，$f(x)$ は $[a, b]$ で増加．
(a, b) でつねに $f'(x) < 0$ ならば，$f(x)$ は $[a, b]$ で減少．

［証明］ $x_1 < x_2$ とする．$[x_1, x_2]$ で平均値の定理を用いると

$$\frac{f(x_1) - f(x_2)}{x_1 - x_2} = f'(c) > 0 \quad \therefore \quad f(x_1) < f(x_2) \tag{①}$$

同様に $f'(x_0) < 0$ ならば，

$$x_1 < x_2 \Longrightarrow f(x_1) > f(x_2) \tag{②}$$

これらは，定理が成り立っていることを示している． ■

また，$x = a$ において，$f'(a) = 0$ のときは，点 a での接線の傾きが 0 であるから，次の図 3-4 のような場合が考えられる．

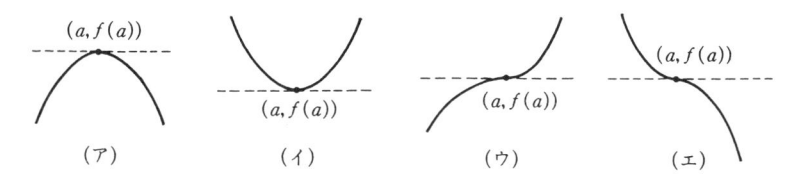

図 3-4

(ア)のような場合，すなわち，十分小なる q に対して，$|x-a|<q$ である x について，
$$f(x)<f(a)\ (x\neq a) \qquad ③$$
をみたしているとき，$f(x)$ は $x=a$ において**極大になる**といい，$f(a)$ を**極大値**という．

(イ)のような場合，すなわち，十分小なる q に対して，$|x-a|<q$ である x について
$$f(x)>f(a)\ (x\neq a) \qquad ④$$
をみたしているとき，$f(x)$ は $x=a$ において**極小になる**といい，$f(a)$ を**極小値**という．

極大値と極小値を合わせて**極値**という．

$\boldsymbol{f(x)}$ が $\boldsymbol{x=a}$ で極値をとれば，$\boldsymbol{f'(a)=0}$ である．

いま，点 a において，$f''(a)>0$ としよう．このとき，a の近くでは $x_1<x_2<x_3<x_4$ に対し，
$$f'(x_1)<f'(x_2)<f'(x_3)<f'(x_4)$$
よって，接線の傾きが増加しているので，グラフは図 3-5 のようになる．このグラフを**下に凸**という．すなわち，

$\boldsymbol{f''(a)>0} \Longrightarrow$ 点 $\boldsymbol{a}$ で下に凸

同様に，$f''(a)<0$ としよう．このとき，a の近くで $f'(x)$ は減少である．よって，a の近くでは接線の傾きが減少してくるから，グラフは図 3-6 のようになる．このグラフを**下に凹**（**上に凸**）という．すなわち，

$\boldsymbol{f''(a)<0} \Longrightarrow$ 点 $\boldsymbol{a}$ に下に凹

下に凹は上に凸と同じである．

以上の関数の凹凸をまとめておくと，

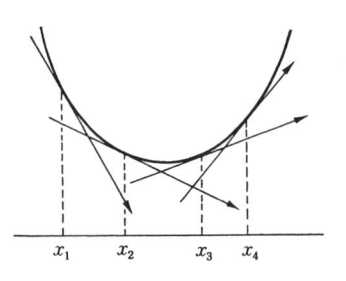

図 3-5

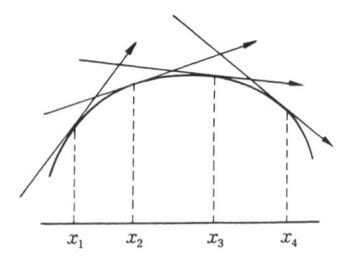

図 3-6

2次導関数による関数の凹凸の判定

定理 3-10 $f(x)$ がある区間で2回微分可能であるとき，

$$f''(x) > 0 \implies f(x) \text{ のグラフは下に凸}$$
$$f''(x) < 0 \implies f(x) \text{ のグラフは上に凸（下に凹）}$$

$f''(x)$ の符号の変わる点を**変曲点**という．
$y = f(x)$ 上の点 $x = a$ が変曲点ならば，$\boldsymbol{f''(a) = 0}$ である．

■ **例 1** $y = x^4 - 4x^3$ のグラフの概形を描け．

[解] $y' = 4x^3 - 12x^2 = 4x^2(x-3)$
$y'' = 12x^2 - 24x = 12x(x-2)$

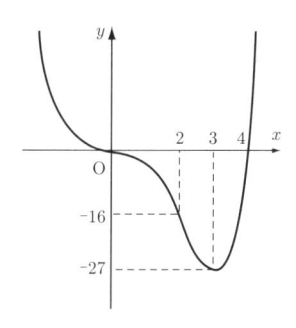

x		0		2		3	
y'	$-$	0	$-$	$-$	$-$	0	$+$
y''	$+$	0	$-$	0	$+$	$+$	$+$
y	↘	0	↘	-16	↘	-27	↗

図 3-7

練習問題 3-3

A-1 次の各関数の概形を描け．
 (1) $y = x^3 - 3x$ (2) $y = e^x - e^{-x}$

A-2 円に内接する長方形の面積が最大なるものは，正方形であることを示せ．

B-1 次の各関数の概形を描け．
 (1) $y = \dfrac{1}{2}x^2 + \dfrac{1}{x}$ (2) $y = x^2 e^x$

第 3 章の演習問題

A-3-1 ロピタルの定理を用いて，次の各極限を求めよ．

(1) $\displaystyle\lim_{x\to 2}\frac{x^4-2x^3+2x^2-x-6}{x-2}$ (2) $\displaystyle\lim_{x\to 1}\frac{\log x}{x-1}$

A-3-2 次の各関数をマクローリン展開せよ．

(1) $y=e^x+e^{-x}$ (2) $y=\sin x^2$

A-3-3 次の各関数のグラフを描け．

(1) $y=x^3+3x^2-9x-5$ (2) $y=(x^4-2x^2+2)/2$

B-3-1 ロピタルの定理を用いて，次の各極限値を求めよ．

(1) $\displaystyle\lim_{x\to 0}\frac{\log\cos 3x}{\log\cos 2x}$ (2) $\displaystyle\lim_{x\to 0}\frac{e^x+e^{-x}-2}{x^2}$

B-3-2 次の各関数を $x=1$ においてテーラー展開せよ．

(1) $y=\log x$ (2) $y=e^x$

B-3-3 次の各関数のグラフを描け．

(1) $y=(e^x+e^{-x})/2$ (2) $y=e^{-x^2}$

［発 展］ ─────────────────── 双曲線関数 ───

$$\sinh x=\frac{e^x-e^{-x}}{2},\quad \cosh x=\frac{e^x+e^{-x}}{2},\quad \tanh x=\frac{\sinh x}{\cosh x}$$

で定義される関数を**双曲線関数**といい，それぞれ，hyperbolic sine, hyperbolic cosine, hyperbolic tangent と読む．これらの間には，次の関係式が成り立っている．

(1) $\cosh^2 x-\sinh^2 x=1$
(2) $\sinh(x+y)=\sinh x\cosh y+\cosh x\sinh y$
(3) $\cosh(x+y)=\cosh x\cosh y+\sinh x\sinh y$
(4) $(\sinh x)'=\cosh x$
(5) $(\cosh x)'=\sinh x$
(6) $(\tanh x)'=1/\cosh^2 x$

［コラム］ $\sinh x$ と $\sin x$ などは関数の表示は似ているが関係はない

第4章 積分法の定義と不定積分

　面積をどう求めたらよいかを究明するのが積分である．

　まず，長方形の面積は「たて×よこ」であり，三角形の面積は「底辺×高さ÷2」である．しかし，円の面積は「$\pi \times (半径)^2$」であるが，どうしてかと考えると，簡単ではない．これを考えるということから積分法は始まる．

　ここで，細かくした長方形を集めればよいということになる．これが区分求積という面積の求め方である．

　ところで，積分法は微分法とどのような関係にあるのだろうか？

　微分と積分は独立に発展したが，積分が微分の逆演算だということがニュートンなどにより発見された．よって，積分を理解するにはどうしても微分法は必要なのである．

　この章では，可能な限り簡単に，積分の意義と計算技術が理解できるように解説してある．積分法は，その後の課題である「微分方程式を解く」ことの基本という意味でも大切である．

§1 定積分の定義, 定積分の性質

> 積分には, 定積分と不定積分とがあるが, この節では, 定積分の定義とその性質について解説をする. また, 積分が微分の逆演算であることを示す「微積分の基本定理」については, 特に重要性を強調して説明する.

いま, $y = x^2$ のグラフと x 軸, $x = 1$ とで囲まれる図形の面積を求める方法について考えてみよう.

まず, x 軸上の区間 $[0, 1]$ を n 等分し, その $n+1$ 個の分点を $x_0 = 0$, $x_1 = 1/n$, $\cdots$, $x_i = i/n$, $\cdots$, $x_n = n/n = 1$ とする. そして,

$$底辺\ x_i - x_{i-1} = 1/n,$$
$$高さ\ x_i^2 \quad (i = 1, 2, \cdots, n)$$

①

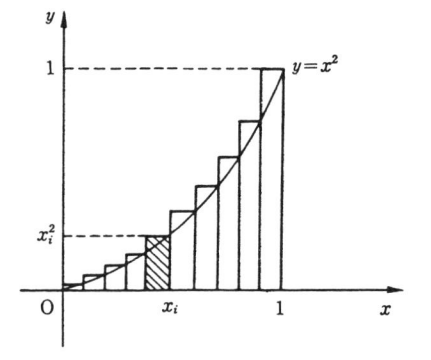

図 4-1

である n 個の長方形を考え, これらの**面積の和**:

$$x_1^2(x_1 - x_0) + \cdots + x_n^2(x_n - x_{n-1}) = \sum_{i=1}^{n} x_i^2(x_i - x_{i-1})$$

②

をつくる.

ここで, 分点の**数 n** を限りなく大きくすると, この階段状の図形の面積は $y = x^2$ と x 軸と $x = 1$ とで囲まれる図形の面積に限りなく近づく. この面積を記号 $\int_0^1 x^2 dx$ と書くとする. すなわち,

$$\lim_{n \to \infty} \sum_{i=1}^{n} x_i^2(x_i - x_{i-1}) = \int_0^1 x^2 dx \qquad ③$$

③式の右辺を, x^2 の $x=0$ から $x=1$ までの定積分という. $\int$ はインテグラル (**integral**) と読む.

③式の左辺は $x_i = i/n$, $x_i - x_{i-1} = 1/n$

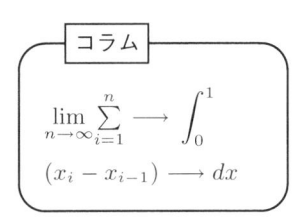

> コラム
> $$\lim_{n\to\infty}\sum_{i=1}^n \longrightarrow \int_0^1$$
> $$(x_i - x_{i-1}) \longrightarrow dx$$

$$\therefore \sum_{i=1}^n x_i^2 (x_i - x_{i-1})$$
$$= \sum_{i=1}^n \left(\frac{i}{n}\right)^2 \cdot \frac{1}{n} = \frac{1}{n^3}\sum_{i=1}^n i^2$$
$$= \frac{1}{n^3} \cdot \frac{n(n+1)(2n+1)}{6}$$
$$= \frac{1}{6}\left(1+\frac{1}{n}\right)\left(2+\frac{1}{n}\right)$$
$$\therefore \int_0^1 x^2 dx = \lim_{n\to\infty}\sum_{i=1}^n x_i^2(x_i - x_{i-1})$$
$$= \frac{1}{3}$$

図 4-2

■ **例1**(計算) $y = x^3$ と x 軸と $x=1$ で囲まれる図形の面積を求めよ.

[解] 区間 $[0, 1]$ を n 等分し, $x_0 = 0$, $x_1 = 1/n$, $\cdots$, $x_i = i/n$, $\cdots$, $x_n = n/n = 1$ とすると, 階段状の図形の面積は

$$\sum_{i=1}^n x_i^3(x_i - x_{i-1}) = \sum_{i=1}^n \left(\frac{i}{n}\right)^3 \frac{1}{n} = \frac{1}{n^4}\sum_{i=1}^n i^3 = \frac{1}{n^4}\left\{\frac{n(n+1)}{2}\right\}^2$$
$$= \frac{1}{4}\left(1+\frac{1}{n}\right)^2 \to \frac{1}{4} \ (n\to\infty)$$
$$\therefore \int_0^1 x^3 dx = \lim_{n\to\infty}\sum_{i=1}^n x_i^3(x_i - x_{i-1}) = \frac{1}{4}$$
$$\therefore \int_0^1 x^3 dx = \frac{1}{4}$$

第4章 積分法の定義と不定積分

一般に，$y = f(x)\ (> 0)$ と x 軸と $x = a, x = b\ (a < b)$ とによって囲まれる図の面積を次式で表し，$y = f(x)$ の **$x = a$ から b までの定積分**と呼ぶ．

$$\int_a^b f(x)dx \qquad ④$$

このとき，a, b をそれぞれ定積分の**下端**，**上端**と呼ぶ．

まず，区間 $[a, b]$ を n 等分し，その分点を

$$x_i = \frac{b-a}{n} \times i + a \qquad (i = 0, 1, \cdots, n)$$

とする．

次に，図4-3のような階段状の図形の面積は，n 個の長方形の面積の和

$$f(x_1)(x_1 - x_0) + \cdots + f(x_n)(x_n - x_{n-1})$$
$$= \sum_{i=1}^n f(x_i)(x_i - x_{i-1}) \qquad ⑤$$

として表される．そして，$n \to \infty$ としたときの極限が，$y = f(x)$ と x 軸と2直線 $x = a, x = b$ によって囲まれる図形の面積であるから，

$$\int_a^b f(x)dx = \lim_{n \to \infty} \sum_{i=1}^n f(x_i)(x_i - x_{i-1}) \qquad ⑥$$

ここで，特に注意することは，各長方形の面積を計算する際に，底辺の長さを $x_i - x_{i-1}$ と **a から b の方へ測る**ことである．

また，$f(x) < 0$ の場合も，$y = f(x)$ の $x = a$ から $x = b$ までの定積分を $f(x) > 0$ の場合と同様に ⑥ 式で定める．このときの定積分は，実際の面積に負の符号がついたものになっている．

一般に，定積分 $\int_a^b f(x)dx$ を ⑥ 式で定めると，$f(x)$ が正の部分では実際の面積に，負の部分では実際の面積に負の符号がついたものになっている．

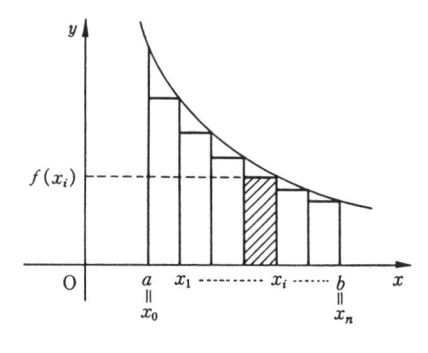

図 4-3

図 4-4

例えば，図 4-4 のような関数では
$$\int_a^b f(x)dx = \int_a^c f(x)dx + \int_c^b f(x)dx$$
$$= (D_1 \text{の面積}) + (-(D_2\text{の面積})) \qquad ⑦$$
ここで，定積分は和の極限という性質から次の重要な定理も成り立っている．

──────── 積分の演算法則 ────────

定理 4-1 連続関数 $y=f(x)$, $y=g(x)$ と実数 k に対して，

(1) $\displaystyle\int_a^b kf(x)dx = k\int_a^b f(x)dx$

(2) $\displaystyle\int_a^b \{f(x) \pm g(x)\}dx = \int_a^b f(x)dx \pm \int_a^b g(x)dx$

（複号同順）

さらに，定積分が和の極限，a から b までのとき $b-a$, b から a までのとき $a-b$ となる測り方，絶対値 $|x+y| \leqq |x|+|y|$ の性質などから次の定理も成り立っている．

定理 4-2 連続関数 $y=f(x)$ に対して，次の関係が成り立つ．

(1) $\displaystyle\int_b^a f(x)dx = -\int_a^b f(x)dx$

(2) $\displaystyle\int_a^b f(x)dx = \int_a^c f(x)dx + \int_c^b f(x)dx$

(3) $\displaystyle\left|\int_a^b f(x)dx\right| \leqq \int_a^b |f(x)|dx$

■ **例 2** $\displaystyle\int_0^1 (8x^3 + 3x^2)dx$ の値を求めよ．

[解] 定理 4-1 から,

$$与式 = 8\int_0^1 x^3 dx + 3\int_0^1 x^2 dx = 8\cdot\frac{1}{4} + 3\cdot\frac{1}{3} = 3 \qquad \blacksquare$$

積分にも平均値の定理と呼ばれている次の定理があり，積分が微分の逆演算であることを示す基礎になっている．

閉区間での関数の性質

定理 4-3（積分の平均値の定理） 連続関数 $y = f(x)$ に対して, a と b の間にある数 c が存在して，次の等式が成り立つ.

$$\int_a^b f(x)dx = f(c)(b-a) \quad (a < c < b)$$

[証明] $f(x)$ は閉区間 $[a, b]$ で最大値と最小値は存在する．もし，存在しなければ，連続でなくなる．その最大値と最小値を M, m とすると, $m \leqq f(x) \leqq M$, この辺々を a から b まで積分すると，

$$m(b-a) = \int_a^b m\,dx \leqq \int_a^b f(x)dx \leqq \int_a^b M\,dx = M(b-a) \qquad ⑧$$

$$\therefore \quad m \leqq \frac{1}{b-a}\int_a^b f(x)dx \leqq M \qquad ⑨$$

$[a, b]$ 上で $m \leqq f(x) \leqq M$ から $f(x)$ の連続性によって，ある c が a と b の間に存在して，

$$f(c) = \frac{1}{b-a}\int_a^b f(x)dx \qquad ⑩$$

にできる．よって，証明が終わる． $\blacksquare$

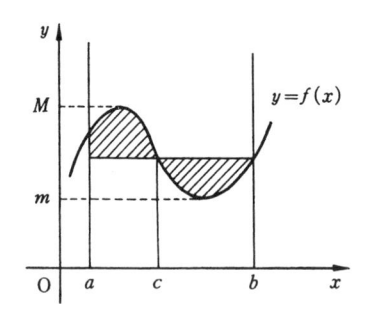

図 4-5

この積分の平均値の定理を用いると, $f(t)$ の $t = a$ から $t = x$ までの**定積分** $\int_a^x f(t)dt$ を x で微分すると $f(x)$ が得られるという微積分の基本定理が得られる．すなわち,

―――― 積分は微分の逆演算 ――――

定理 4-4 （微積分の基本定理） 連続関数 $y = f(t)$ について，次の等式が成り立つ．
$$\frac{d}{dx}\int_a^x f(t)dt = f(x)$$

[証明] 図 4-6 のような連続関数 $y = f(t)$ について，$y = f(t)$ の $t = a$ から $t = x$ までの定積分を $F(x)$ とおく．すなわち，
$$F(x) = \int_a^x f(t)dt \quad ⑪$$

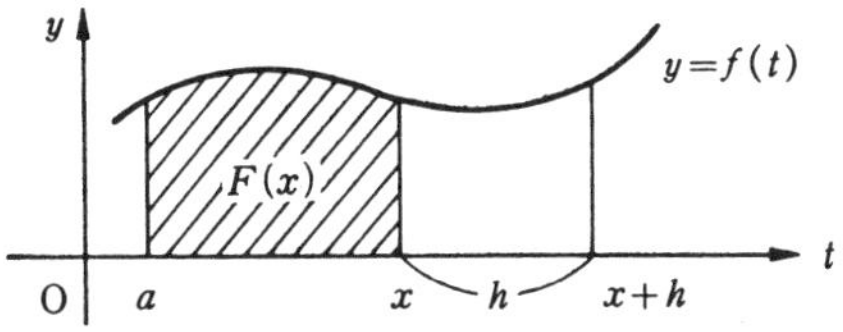

図 4-6

とおくと，$F(x+h) = \displaystyle\int_a^{x+h} f(t)dt$ となる．

よって，定積分の性質から
$$F(x+h) - F(x) = \int_x^{x+h} f(t)dt \quad ⑫$$

さらに，積分の平均値の定理 (定理 4-3) を適用すると
$$F(x+h) - F(x) = f(c)h \quad (x < c < x+h) \quad ⑬$$
となるような c が存在する．ここで，h で割って，$h \to 0$ とすると，
$$\therefore \quad F'(x) = f(x) \quad \therefore \quad \frac{d}{dx}\int_a^x f(t)dt = f(x) \quad \blacksquare$$

〈定積分の基本式〉

いま，$F(x) = \displaystyle\int_a^x f(t)dt$ のとき，$F'(x) = f(x)$ を示した．
さらに，
$$G'(x) = f(x) \quad ⑭$$
なる $G(x)$ については，
$$F'(x) - G'(x) = 0 \quad ⑮$$
$$\therefore \quad F(x) - G(x) = C \text{ (定数)} \quad ⑯$$

⑪ 式から，$F(a) = 0$
$$\therefore \quad C = -G(a) \qquad ⑰$$
⑰式を⑯式に代入して
$$F(x) = G(x) - G(a)$$
$x = b$ を代入すると，
$$F(b) = G(b) - G(a) \qquad ⑱$$
よって，⑪ 式から，変数 t を x に改めて
$$\int_a^b f(x)dx = G(b) - G(a) \qquad ⑲$$

ポイント

$G(x) = F(x) + C$ のとき
$G(b) - G(a)$
$= \{F(b) + C\} - \{F(a) + C\}$
$= F(b) - F(a)$

この ⑲ 式の右辺を $[G(x)]_a^b$ で書くことにすると，
$$\int_a^b f(x)dx = [G(x)]_a^b = G(b) - G(a) \qquad ⑳$$
以上，まとめると，

―― 定積分の基本式 ――

定理 4-5 連続関数 $f(x)$ について，$G(x)$ を $G'(x) = f(x)$ となる関数とするとき，$\boldsymbol{f(x)}$ の定積分は，次のようになる．
$$\int_a^b f(x)dx = [G(x)]_a^b = G(b) - G(a)$$

■ **例 3** $\int_0^\pi (4x^3 + \cos x - \sin x)dx$ の値を求めよ．

[解] $(x^4 + \sin x + \cos x)' = 4x^3 + \cos x - \sin x$ であるから，
 与式 $= [x^4 + \sin x + \cos x]_0^\pi = \{\pi^4 + 0 + (-1)\} - (0 + 0 + 1)$
    $= \pi^4 - 2$ ∎

練習問題 4-1

A-1 次の各定積分の値を求めよ．

(1) $\displaystyle\int_0^2 x^3 dx$ (2) $\displaystyle\int_a^b x dx$

A-2 次の各定積分の値を求めよ．

(1) $\displaystyle\int_1^2 (x^2 + 2x^3) dx$ (2) $\displaystyle\int_1^2 (5x^3 - 4x^2 - 3) dx$

B-1 次の各定積分の値を求めよ．

(1) $\displaystyle\int_1^2 \frac{1}{x} dx$ (2) $\displaystyle\int_0^\pi (e^x - \cos x) dx$

B-2 定積分 $\displaystyle\int_0^2 (x^2 - x) dx$ と $\displaystyle\int_0^2 |x^2 - x| dx$ を計算し，

$$\left|\int_0^2 (x^2 - x) dx\right| \leqq \int_0^2 |x^2 - x| dx$$

をみたしていることを確かめよ．

§2 不定積分

> 前節の定理 4-5 において，$f(x)$ の定積分を計算するのには，$G'(x) = f(x)$ となる $G(x)$ を求めることが重要であることを知った．この節の目的は，いろいろな $f(x)$ に対する $G(x)$ の求め方を学ぶことである．

関数 $f(x)$ について，

$$G'(x) = f(x) \qquad ①$$

をみたす $G(x)$ を $f(x)$ の**不定積分**または**原始関数**という．$f(x)$ の不定積分を求めることを，$f(x)$ を（不定）**積分**するといい，これを次の記号で表す．

$$\int f(x) dx \qquad ②$$

いま，$F'(x) = f(x)$, $G'(x) = f(x)$ とする．このとき，

$$F'(x) - G'(x) = 0 \qquad ③$$

$$\therefore \quad F(x) - G(x) = C \quad \text{(定数)}$$

よって，$F'(x) = f(x)$ とすると，$F(x)$ は $f(x)$ の不定積分の1つである．

$$\therefore \quad \int f(x)dx = F(x) + C \quad \text{(定数)} \qquad ④$$

ここで，この定数 C を**積分定数**という．

今後，不定積分の1つの関数を選ぶことにして，**積分定数 C は省略**することにする．すなわち，

$$\int f(x)dx = F(x) \qquad ⑤$$

と略記する．

■ **例1**（計算） $\int e^x dx$ を求めよ．

[解] $(e^x)' = e^x$ であるから，
$$\int e^x dx = e^x \qquad ■$$

注意！
$$\int e^x dx = e^x + C$$
この C を省略

ここで，微分法から直接に得られる不定積分の公式をあげておこう．

公式1 $\int x^p dx = \dfrac{x^{p+1}}{p+1}$ （$p \neq -1$，さらに p が無理数のとき $x > 0$）

公式2 $\int \dfrac{1}{x-a} dx = \log|x-a|$ （$x \neq a$）

公式3 $\int \sin x dx = -\cos x$

公式4 $\int \cos x dx = \sin x$

公式5 $\int \dfrac{1}{\cos^2 x} dx = \tan x$

公式6 $\int e^x dx = e^x$

§2 不定積分

公式 7 　$\displaystyle\int \frac{1}{\sqrt{a^2 - x^2}} dx = \sin^{-1}\frac{x}{a} \quad (a > 0)$

公式 8 　$\displaystyle\int \frac{1}{a^2 + x^2} dx = \frac{1}{a}\tan^{-1}\frac{x}{a} \quad (a > 0)$

公式 9 　$\displaystyle\int \frac{1}{\sqrt{x^2 + a}} dx = \log|x + \sqrt{x^2 + a}| \quad (a > 0)$

公式 10 　$\displaystyle\int \sqrt{x^2 + a}\, dx = \frac{1}{2}\left\{x\sqrt{x^2 + a} + a\log|x + \sqrt{x^2 + a}|\right\}$
$(a > 0)$

公式 11 　$\displaystyle\int \sqrt{a^2 - x^2}\, dx = \frac{1}{2}\left\{x\sqrt{a^2 - x^2} + a^2 \sin^{-1}\frac{x}{a}\right\}$
$(a > 0)$

公式 12 　$\displaystyle\int \frac{f'(x)}{f(x)} dx = \log|f(x)|$

公式 13 　$\displaystyle\int kf(x)dx = k\int f(x)dx \quad (k\text{ は定数})$

公式 14 　$\displaystyle\int \{f(x) \pm g(x)\}dx = \int f(x)dx \pm \int g(x)dx \quad (複号同順)$

$f(x)$ の不定積分は，$F'(x) = f(x)$ となる $F(x)$ を求めることであるから，これらの公式の証明は，各辺をそれぞれ微分することにより得られる．

■ 例 2 　次の公式 12 を証明せよ．
$$\int \frac{f'(x)}{f(x)} dx = \log|f(x)|$$

> ポイント
> 分母の導関数が分子のときは $\log|\text{分母}|$

［解］ $t = f(x)$ とおく．このとき，$\dfrac{dt}{dx} = f'(x)$ 　∴ 　$dt = f'(x)dx$

∴ 　与式 $= \displaystyle\int \frac{1}{f(x)} f'(x)dx = \int \frac{1}{t} dt = \log|t| = \log|f(x)|$ 　■

このように，ある関数を別の変数におきかえて，不定積分を求めることを，

置換積分法という．

積分法の手法1

定理 4-6（置換積分法）

(1) $x = g(t)$ とおく．$f(g(t))$ と $g'(t)$ は連続とする．
$$\int f(x)dx = \int f(g(t))g'(t)dt$$

(2) $t = g(x)$ とおく．$f(g(x))$, $g'(x)$ は連続とする．
$$\int f(g(x))g'(x)dx = \int f(t)dt$$

［証明］(1) $\dfrac{d}{dt}$（左辺） $= \dfrac{d}{dx}\left(\int f(x)dx\right) \cdot \dfrac{dx}{dt} = f(x) \cdot g'(t) = f(g(t))g'(t)$

$\dfrac{d}{dt}$（右辺） $= f(g(t))g'(t)$

∴ 左辺 = 右辺 （∵ 積分定数が省略されている）

(2) $\dfrac{d}{dx}$（左辺） $= f(g(x))g'(x)$

$\dfrac{d}{dx}$（右辺） $= \dfrac{d}{dt}\left(\int f(t)dt\right) \cdot \dfrac{dt}{dx} = f(t)g'(x) = f(g(x))g'(x)$

∴ 左辺 = 右辺 （∵ 積分定数が省略されている） ■

■ **例3** 次の各関数を置換積分で不定積分を求めよ．

(1) $(3x+2)^5$

(2) $\dfrac{1}{\sqrt{a^2-x^2}}$ $(a>0 ; 公式7)$ (3) $\dfrac{1}{a^2+x^2}$ $(a>0 ; 公式8)$

(4) $\dfrac{1}{\sqrt{x^2+a}}$ $(a>0 ; 公式9)$ (5) $\dfrac{1}{a^2+(x-b)^2}$ $(a>0)$

［解］(1) $t = 3x+2$ とおく．$\dfrac{dt}{dx} = 3$ ∴ $dx = \dfrac{1}{3}dt$

§2 不定積分

$$\therefore \quad \int (3x+2)^5 dx = \int t^5 \cdot \frac{1}{3} dt = \frac{1}{3} \int t^5 dt = \frac{1}{3} \cdot \frac{1}{6} t^6 = \frac{1}{18}(3x+2)^6$$

(2) $x = a\sin t \left(-\frac{\pi}{2} \leq t \leq \frac{\pi}{2}\right)$ とおく. $\frac{dx}{dt} = a\cos t$ $\therefore dx = a\cos t dt$

$$\therefore \quad \int \frac{1}{\sqrt{a^2-x^2}} dx = \int \frac{1}{a\cos t}(a\cos t)dt = \int dt = t = \sin^{-1}\frac{x}{a}$$

(3) $x = a\tan t \left(-\frac{\pi}{2} < t < \frac{\pi}{2}\right)$ とおく. $dx = \frac{a}{\cos^2 t} dt = a(1+\tan^2 t)dt$

$$\therefore \quad \int \frac{1}{a^2+x^2} dx = \int \frac{1}{a^2(1+\tan^2 t)} \cdot \frac{a}{\cos^2 t} dt$$

$$= \frac{1}{a} \int dt = \frac{t}{a} = \frac{1}{a} \tan^{-1}\frac{x}{a}$$

(4) $t = x + \sqrt{x^2+a}$ とおく. $\frac{dt}{dx} = 1 + \frac{x}{\sqrt{x^2+a}} = \frac{x+\sqrt{x^2+a}}{\sqrt{x^2+a}} = \frac{t}{\sqrt{x^2+a}}$

$$\therefore \quad \frac{1}{\sqrt{x^2+a}} dx = \frac{1}{t} dt$$

$$\therefore \quad \int \frac{1}{\sqrt{x^2+a}} dx = \int \frac{1}{t} dt = \log|t| = \log|x+\sqrt{x^2+a}|$$

(5) $t = x - b$ とおくと, $dt = dx$. よって, (3) から

$$\int \frac{1}{a^2+(x-b)^2} dx = \int \frac{1}{a^2+t^2} dt = \frac{1}{a} \tan^{-1}\frac{t}{a}$$

$$= \frac{1}{a} \tan^{-1}\frac{x-b}{a} \qquad \blacksquare$$

置換積分法と同様に重要な次の**部分積分法**がある.

――― 積分法の手法 2 ―――

定理 4-7（部分積分法） $f(x)$, $g(x)$ が連続な導関数をもてば,

(1) $\int f'(x)g(x)dx = f(x)g(x) - \int f(x)g'(x)dx$

(2) $\int f(x)g'(x)dx = f(x)g(x) - \int f'(x)g(x)dx$

[証明] $f(x) = f$, $g(x) = g$ と略記する．
$(fg)' = f'g + fg'$．よって，$f'g = (fg)' - fg'$ の両辺を積分すると，(1) が得られ，$fg' = (fg)' - f'g$ の両辺を積分すると，(2) が得られる． ■

■ 例 4（計算） 次の各関数を部分積分で不定積分を求めよ．

(1)　$\log x$　　　　　　　(2)　$\log(x - a)$

[解] (1) $\displaystyle\int \log x\, dx = \int (x)' \log x\, dx = x \log x - \int x (\log x)' dx = x \log x - x$

(2) $\displaystyle\int \log(x - a)\, dx = \int (x - a)' \log(x - a)\, dx$

$\displaystyle = (x - a) \log(x - a) - \int (x - a) \cdot \frac{1}{x - a} dx$

$= (x - a) \log(x - a) - x$ ■

さて，円の面積には，不定積分 $\displaystyle\int \sqrt{a^2 - x^2}\, dx$ が必要で，$\displaystyle 4 \int_0^a \sqrt{a^2 - x^2}\, dx$ が円の面積 πa^2 であるが，定積分は次章にゆずることとして，ここでは，$\sqrt{a^2 - x^2}$ の不定積分を例 5（計算）で求めることにしよう．図 4-7 から，わかるように，円の面積は無理式 $\sqrt{a^2 - x^2}$ の不定積分が必要となるから，大変なのです．

図 4-7

■ 例 5（計算） 次の各関数を積分せよ．

(1)　$\sqrt{x^2 + a}$　$(a > 0$, 公式 10$)$
(2)　$\sqrt{a^2 - x^2}$　$(a > 0$, 公式 11$)$

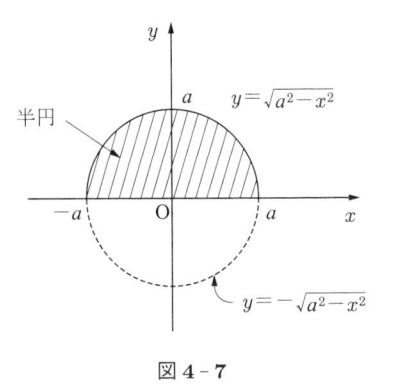

[解] (1) $\int \sqrt{x^2+a}\,dx = \int (x)'\sqrt{x^2+a}\,dx$

$$= x\sqrt{x^2+a} - \int x \cdot \frac{x}{\sqrt{x^2+a}}\,dx \qquad ⑥$$

上式の後項は次のように計算される．

$$\int \frac{x^2}{\sqrt{x^2+a}}\,dx = \int \frac{x^2+a-a}{\sqrt{x^2+a}}\,dx = \int \sqrt{x^2+a}\,dx - a\int \frac{1}{\sqrt{x^2+a}}\,dx$$

公式 9 から，$a\int \dfrac{1}{\sqrt{x^2+a}}\,dx = a\log|x+\sqrt{x^2+a}|$

以上から，$I = \int \sqrt{x^2+a}\,dx$ とおくと，⑥式は次のようになる．

$$I = x\sqrt{x^2+a} - (I - a\log|x+\sqrt{x^2+a}|)$$

$$\therefore\quad I = \int \sqrt{x^2+a}\,dx = \frac{1}{2}\left\{x\sqrt{x^2+a} + a\log|x+\sqrt{x^2+a}|\right\}$$

(2) $\int \sqrt{a^2-x^2}\,dx = \int (x)'\sqrt{a^2-x^2}\,dx = x\sqrt{a^2-x^2} - \int x \cdot \dfrac{-x}{\sqrt{a^2-x^2}}\,dx$

⑦

上式の後項は次のように計算できる．

$$\int \frac{-x^2}{\sqrt{a^2-x^2}}\,dx = \int \frac{a^2-x^2-a^2}{\sqrt{a^2-x^2}}\,dx$$

$$= \int \sqrt{a^2-x^2}\,dx - a^2\int \frac{1}{\sqrt{a^2-x^2}}\,dx$$

公式 7 から，$a^2 \int \dfrac{1}{\sqrt{a^2-x^2}}\,dx = a^2 \sin^{-1}\dfrac{x}{a}$

以上から，$I = \int \sqrt{a^2-x^2}\,dx$ とおくと，⑦式は次のようになる．

$$\therefore\quad I = x\sqrt{a^2-x^2} - \left(I - a^2\sin^{-1}\frac{x}{a}\right)$$

$$\therefore\quad I = \int \sqrt{a^2-x^2}\,dx$$
$$= \frac{1}{2}\left\{x\sqrt{a^2-x^2} + a^2\sin^{-1}\frac{x}{a}\right\} \blacksquare$$

参考
$\sin^{-1} 0 = 0$
$\sin^{-1} 1 = \dfrac{\pi}{2}$

■ 例 6（計算）　$\int x^2 e^x dx$ を求めよ．

［解］　$\int x^2 e^x dx = x^2 e^x - 2\int xe^x dx = e^x(x^2 - 2x + 2)$ ■

1. 有理関数（分子と分母がともに多項式である分数関数）の不定積分

一般に，$\dfrac{x^2 + 3x + 5}{x + 2} = x + 1 + \dfrac{3}{x + 2}$ と整理できる．多項式の積分はできるから，$\dfrac{f(x)}{g(x)}$（分子の次数 < 分母の次数）なる場合の不定積分を考えればよい．

まず，分母 $g(x)$ を $(x - a)^n$ と $(x^2 + bx + c)^m$ $(b^2 - 4c < 0)$ の形に因数分解をする．次に，以下のような部分分数に分解する．

$$\frac{x^2 + 1}{(x - 1)^3} = \frac{a}{(x - 1)^3} + \frac{b}{(x - 1)^2} + \frac{c}{x - 1}$$

（これは分母を払って係数を比較）

$$\frac{1}{(x - 1)(x^2 + x + 1)} = \frac{a}{x - 1} + \frac{bx + c}{x^2 + x + 1}$$

（これも分母を払って係数を比較）

また，公式 (12) と例 3(5) からの次の不定積分にも注意するとよい．

$$\int \frac{2x + b}{x^2 + bx + c} dx = \log|x^2 + bx + c|,$$

$$\int \frac{1}{(x - b)^2 + c^2} dx = \frac{1}{c} \tan^{-1} \frac{x - b}{c} \quad (c > 0)$$

■ 例 7（計算）　次の各関数を積分せよ（不定積分を求めよ）．
(1) $\dfrac{x + 6}{x(x - 1)(x - 2)}$　(2) $\dfrac{x + 1}{x^2(x - 1)^2}$　(3) $\dfrac{x - 2}{x^3 + 1}$

［解］ (1) $\dfrac{x + 6}{x(x - 1)(x - 2)} = \dfrac{a}{x} + \dfrac{b}{x - 1} + \dfrac{c}{x - 2}$ とおき，分母を払うと，
$$x + 6 = a(x - 1)(x - 2) + bx(x - 2) + cx(x - 1)$$

$x = 0$ を代入して，$a = 3$，
$x = 1$ を代入して，$b = -7$，
$x = 2$ を代入して，$c = 4$，

$$\therefore \int \frac{x+6}{x(x-1)(x-2)}dx = 3\int \frac{1}{x}dx - 7\int \frac{1}{x-1}dx + 4\int \frac{1}{x-2}dx$$
$$= 3\log|x| - 7\log|x-1| + 4\log|x-2|$$

(2) $\dfrac{x+1}{x^2(x-1)^2} = \dfrac{a}{x^2} + \dfrac{b}{x} + \dfrac{c}{(x-1)^2} + \dfrac{e}{x-1}$ 分母を払って，

$$x + 1 = a(x-1)^2 + bx(x-1)^2 + cx^2 + ex^2(x-1)$$

$x = 0$ を代入して，$a = 1$
$x = 1$ を代入して，$c = 2$
x の係数を比較して，$1 = -2a + b$ $\therefore$ $b = 3$
x^3 の係数を比較して，$b + e = 0$ $\therefore$ $e = -3$

$$\therefore \int \frac{x+1}{x^2(x-1)^2}dx = \int \frac{1}{x^2}dx + 3\int \frac{1}{x}dx$$
$$+ 2\int \frac{1}{(x-1)^2}dx - 3\int \frac{1}{(x-1)}dx$$
$$= -\frac{1}{x} + 3\log|x| - \frac{2}{x-1} - 3\log|x-1|$$

(3) $\dfrac{x-2}{(x+1)(x^2-x+1)} = \dfrac{a}{x+1} + \dfrac{bx+c}{x^2-x+1}$ 分母を払って

$$x - 2 = a(x^2 - x + 1) + (bx + c)(x + 1)$$

$x = -1$ を代入して，$-3 = 3a$ $\therefore$ $a = -1$
$x = 0$ を代入して，$-2 = a + c$ $\therefore$ $c = -1$
x^2 の係数を比較して，$0 = a + b$ $\therefore$ $b = 1$

$$\therefore \int \frac{x-2}{x^3+1}dx = -\int \frac{1}{x+1}dx + \int \frac{x-1}{x^2-x+1}dx$$
$$= -\log|x+1| + \frac{1}{2}\int \frac{2x-1}{x^2-x+1}dx - \frac{1}{2}\int \frac{1}{\left(x-\frac{1}{2}\right)^2 + \left(\frac{\sqrt{3}}{2}\right)^2}dx$$
$$= -\log|x+1| + \frac{1}{2}\log|x^2-x+1| - \frac{1}{2}\cdot\frac{2}{\sqrt{3}}\tan^{-1}\frac{x-\frac{1}{2}}{\frac{\sqrt{3}}{2}}$$

$$= \log \frac{\sqrt{x^2 - x + 1}}{|x+1|} - \frac{1}{\sqrt{3}} \tan^{-1} \frac{2x-1}{\sqrt{3}}$$

■ 例8（計算）$\int \frac{1}{(x^2+a^2)^2} dx \ (a > 0)$ を求めよ．

[解] $\frac{1}{(x^2+a^2)^2} = \frac{1}{a^2} \cdot \frac{x^2 + a^2 - x^2}{(x^2+a^2)^2} = \frac{1}{a^2} \left\{ \frac{1}{x^2+a^2} - \frac{x \cdot 2x}{2(x^2+a^2)^2} \right\}$

$\therefore$ 与式 $= \frac{1}{a^2} \left\{ \int \frac{1}{x^2+a^2} dx - \frac{1}{2} \int x \cdot \frac{2x}{(x^2+a^2)^2} dx \right\}$

$= \frac{1}{a^2} \left\{ \frac{1}{a} \tan^{-1} \frac{x}{a} - \frac{1}{2} \left(x \cdot \frac{-1}{x^2+a^2} + \int \frac{1}{x^2+a^2} dx \right) \right\}$

$= \frac{1}{2a^2} \left(\frac{x}{x^2+a^2} + \frac{1}{a} \tan^{-1} \frac{x}{a} \right)$ ■

2. 三角関数の積分で，知っていると便利な置換積分

$t = \tan \frac{x}{2}$ とおく． $x = 2 \tan^{-1} t \qquad \therefore \quad dx = \frac{2}{1+t^2} dt \qquad$ ⑧

$\sin x = 2 \sin \frac{x}{2} \cos \frac{x}{2} = 2 \tan \frac{x}{2} \cdot \cos^2 \frac{x}{2}$

$= \frac{2 \tan \frac{x}{2}}{1 + \tan^2 \frac{x}{2}}$

$= \frac{2t}{1+t^2} \qquad$ ⑨

$\cos x = \cos^2 \frac{x}{2} - \sin^2 \frac{x}{2} = \left(1 - \tan^2 \frac{x}{2} \right) \cos^2 \frac{x}{2}$

$= \frac{1 - \tan^2 \frac{x}{2}}{1 + \tan^2 \frac{x}{2}}$

$= \frac{1-t^2}{1+t^2} \qquad$ ⑩

すなわち，

$t = \tan \dfrac{x}{2}$ とおくと，

$$dx = \frac{2}{1+t^2}dt, \quad \sin x = \frac{2t}{1+t^2}, \quad \cos x = \frac{1-t^2}{1+t^2} \qquad ⑪$$

■ 例 9（計算） $\displaystyle\int \frac{1}{\sin x} dx$ の不定積分を求めよ．

[解] ⑪式の関係式から

$$与式 = \int \frac{1+t^2}{2t} \cdot \frac{2}{1+t^2} dt = \int \frac{1}{t} dt = \log|t| = \log\left|\tan\frac{x}{2}\right| \qquad \blacksquare$$

また，三角関数の積の積分では，次のような漸化式も手法として活用できる．

---- 積分の手法 3 ----

$I_{m,n} = \displaystyle\int \sin^m x \cos^n x \, dx$ のとき，

公式 15　$I_{m,n} = -\dfrac{\sin^{m-1}x \cos^{n+1}x}{m+n} + \dfrac{m-1}{m+n}I_{m-2,n}$

$$(n \neq -1, \; m+n \neq 0)$$

公式 16　$I_{m,n} = \dfrac{\sin^{m+1}x \cos^{n-1}x}{m+n} + \dfrac{n-1}{m+n}I_{m,n-2}$

$$(m \neq -1, \; m+n \neq 0)$$

[証明] 公式 15

$$\begin{aligned}
I_{m,n} &= \int \sin^{m-1}x \cos^n x \sin x \, dx \quad (n \neq -1) \\
&= -\frac{\sin^{m-1}x \cos^{n+1}x}{n+1} + \frac{m-1}{n+1}\int \sin^{m-2}x \cos^{n+2}x \, dx \\
&= -\frac{\sin^{m-1}x \cos^{n+1}x}{n+1} + \frac{m-1}{n+1}\int \sin^{m-2}x \cos^n x(1-\sin^2 x) dx \\
&= -\frac{\sin^{m-1}x \cos^{n+1}x}{n+1} + \frac{m-1}{n+1}(I_{m-2,n} - I_{m,n})
\end{aligned}$$

$$\therefore\quad I_{m,n} = -\frac{\sin^{m-1} x \cos^{n+1} x}{m+n} + \frac{m-1}{m+n} I_{m-2,n} \ (n \neq -1,\ m+n \neq 0)$$

公式 16 公式 15 と同様に部分積分を行って整理すると公式が得られる．

■ **例 10（計算）** $I_{4,0} = \displaystyle\int \sin^4 x\, dx$ の不定積分を求めよ．

［解］ $I_{4,0} = -\dfrac{\sin^3 x \cos x}{4} + \dfrac{3}{4} I_{2,0}$ ； $I_{2,0} = -\dfrac{\sin x \cos x}{2} + \dfrac{1}{2} I_{0,0}$

$I_{0,0} = x$ であるから，整理をすると，次のようになる．

$$I_{4,0} = -\frac{\sin^3 x \cos x}{4} - \frac{3}{8} \sin x \cos x + \frac{3}{8} x$$

練習問題 4-2

A-1 次の不定積分を求めよ．

(1) $\displaystyle\int x^5 dx$ (2) $\displaystyle\int e^t dt$

(3) $\displaystyle\int \sin a\, da$ (4) $\displaystyle\int \cos \alpha\, d\alpha$

A-2 次の不定積分を求めよ．

(1) $\displaystyle\int \frac{1}{\sqrt{4-x^2}} dx$ (2) $\displaystyle\int \frac{1}{9+t^2} dt$

(3) $\displaystyle\int \frac{1}{\sqrt{a^2+5}} da$ (4) $\displaystyle\int \frac{4b^3+2b}{b^4+b^2+1} db$

A-3 次の不定積分を求めよ．

(1) $\displaystyle\int (e^x + \sin x + \cos x) dx$ (2) $\displaystyle\int \frac{1}{\cos^2 t} dt$

B-1 次の不定積分を求めよ．

(1) $\displaystyle\int \sqrt{x^2+3}\, dx$ (2) $\displaystyle\int \sqrt{4-x^2}\, dx$

(3) $\displaystyle\int (3x+2)^3 dx$ (4) $\displaystyle\int x \log x\, dx$

B - 2 次の不定積分を求めよ．

(1) $\displaystyle\int x^2(x^3+1)^5 dx$ 　　(2) $\displaystyle\int (\log x)^2 dx$

(3) $\displaystyle\int \frac{2x+4}{x^3-1}dx$ 　　(4) $\displaystyle\int e^x \sin x dx$

B - 3 次の不定積分を求めよ．

(1) $\displaystyle\int \frac{1}{1+\sin t}dt$ 　　(2) $\displaystyle\int \sin^3 x \cos^3 x dx$

第 4 章の演習問題

A - 4 - 1 次の各 x の関数を求めよ．

(1) $\displaystyle\frac{d}{dx}\int_0^x \sin t dt$ 　　(2) $\displaystyle\frac{d}{dx}\int_x^2 e^u du$

A - 4 - 2 次の各関数を積分せよ．

(1) $\displaystyle\frac{x}{(x+2)(x-3)}$ 　　(2) $\displaystyle\frac{1}{x^2+2x+5}$

(3) $\displaystyle\frac{x^2-x}{(x+2)(x+1)(x-3)}$ 　　(4) $\displaystyle\frac{1}{(x^2+1)(x^2+4)}$

A - 4 - 3 次の各不定積分を求めよ．

(1) $\displaystyle\int \frac{(\log x)^2}{x}dx$ 　　(2) $\displaystyle 2\int x\sqrt{x^2+1}dx$

(3) $\displaystyle\int x(\log x)^2 dx$ 　　(4) $\displaystyle\int x^2 \cos x dx$

B - 4 - 1 次の各 x の関数を求めよ．

(1) $\displaystyle\frac{d}{dx}\int_a^{x^2} \cos t dt$ 　　(2) $\displaystyle\frac{d}{dx}\int_{h(x)}^{g(x)} f(t) dt$

B - 4 - 2 次の各関数を積分せよ．

(1) $\displaystyle\frac{2x+3}{x^2+4x+5}$ 　　(2) $\displaystyle\frac{9}{(x-1)^2(x+2)}$

(3) $\dfrac{1}{x\sqrt{1+x}}$ (4) $\tan^4 x$

B-4-3 次の各不定積分を求めよ．ここで，n は自然数，$a > 0$ とする．

(1) $\displaystyle\int \dfrac{x}{(x^2+a^2)^n}dx$ (2) $\displaystyle\int \dfrac{1}{(x^2+a^2)^n}dx$

第5章 定積分とその応用

　この章では，前の章で得られた定積分の公式などをいろいろな関数について適用する計算練習を行う．さらに，積分範囲内での関数の値が有限でない場合でも定積分ができることがあることを示す．

　4章のはじめに「面積をどう求めたらよいかを究明するのが積分である」と述べたが，積分のまとめとして，面積・体積・曲線の長さを定積分を使って求める．小・中学校での公式として，暗記した円の面積や球の体積がきちんと積分計算により求めることができることを示す．

　定積分では，半径 a の円の面積が πa^2，半径 a の球の体積が $4\pi a^3/3$，半径 a の円周の長さが $2\pi a$ であることを，暗記するのでなく，この章で理解して欲しい．

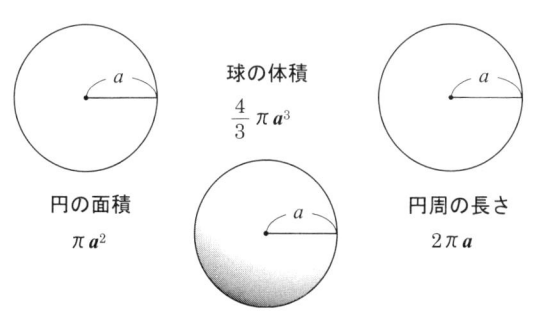

図 5-1

§1 定積分の計算

> ここでは，前章で得られた定積分の公式
> $$\int_a^b f(x)dx = [F(x)]_a^b = F(b) - F(a) \quad (F'(x) = f(x))$$
> を実際にいろいろな関数に適用して求める練習をする．さらに，積分する区間で関数が有界でない場合も定積分が成り立つ場合があることも示す．

■ 例1（計算） 次の定積分を求めよ．

(1) $\displaystyle\int_0^3 x^2 dx$ (2) $\displaystyle\int_1^2 \frac{1}{x} dx$

(3) $\displaystyle\int_0^\pi \sin x dx$ (4) $\displaystyle\int_0^1 \frac{1}{x^2+1} dx$

[解] (1) $\displaystyle\int_0^3 x^2 dx = \left[\frac{x^3}{3}\right]_0^3 = \frac{3^3}{3} - 0 = 9$

(2) $\displaystyle\int_1^2 \frac{1}{x} dx = [\log|x|]_1^2 = \log 2 - \log 1 = \log 2$

(3) $\displaystyle\int_0^\pi \sin x dx = [-\cos x]_0^\pi = -(\cos \pi - \cos 0) = -(-1-1) = 2$

(4) $\displaystyle\int_0^1 \frac{1}{x^2+1} dx = [\tan^{-1} x]_0^1 = \tan^{-1} 1 - \tan^{-1} 0 = \frac{\pi}{4} - 0 = \frac{\pi}{4}$ ■

以上の例のように，定積分は，不定積分が簡単に求まれば，すぐに求まる．しかしながら，不定積分が簡単には求まらない場合がある．置換積分と部分積分によって，不定積分が求められる場合について，定積分の求め方をまとめておくことにしよう．

（**1**） 置換積分による方法

（ⅰ） $x = g(t)$ とおくとき，$a = g(\alpha)$, $b = g(\beta)$ のとき，$y = f(x)$ の定積分は，変数 t を用いると

$$\int_a^b f(x)dx = \int_\alpha^\beta f(g(t))g'(t)dt$$

x	a	b
t	α	β

（ⅱ） $t = g(x)$ とおくとき，$p = g(a)$, $q = g(b)$ であれば，$y = f(g(x))g'(x)$ の定積分は，変数 t を用いると，

$$\int_a^b f(g(x))g'(x)dx = \int_p^q f(t)dt$$

x	a	b
t	p	q

（**2**） 部分積分による方法

$$\int_a^b f'(x)g(x)dx = [f(x)g(x)]_a^b - \int_a^b f(x)g'(x)dx$$

（1）の（ⅰ）については，$F(x) = \int f(x)dx$ とすると合成関数の微分法から

$$\frac{dF(g(t))}{dt} = f(g(t)) \cdot g'(t) \quad \therefore \quad dF = f(g(t)) \cdot g'(t)dt$$

$$\therefore \int_a^b f(x)dx = F(b) - F(a) = F(g(\beta)) - F(g(\alpha))$$

$$= \int_\alpha^\beta f(g(t))g'(t)dt$$

（2）の部分積分は

$$(fg)' = f'g + fg' \quad \therefore \quad f'g = (fg)' - fg'$$

の両辺を a から b まで定積分したものである．

■ **例 2**（計算） 次の各定積分を求めよ．

(1) $\displaystyle\int_{-1}^{0}(3x+2)^5 dx$ (2) $\displaystyle\int_{0}^{\pi/2}\cos 2x\, dx$

(3) $\displaystyle\int_0^{a/2} \frac{1}{\sqrt{a^2-x^2}}dx$ $(a>0)$ (4) $\displaystyle\int_0^a \frac{1}{\sqrt{x^2+a}}dx$ $(a>0)$

(5) $\displaystyle\int_1^3 \log x\,dx$ (6) $\displaystyle\int_0^1 x^2 e^x\,dx$

(7) $\displaystyle\int_0^\pi e^x \cos x\,dx$ (8) $\displaystyle\int_{-\pi/2}^{\pi/2} x^2 \sin x\,dx$

[解] (1) $t=3x+2$ とおくと, $dt=3dx$

$$\text{与式} = \int_{-1}^{2} t^5 \cdot \frac{dt}{3} = \frac{1}{3}\left[\frac{t^6}{6}\right]_{-1}^{2} = \frac{64-1}{18} = \frac{7}{2}$$

x	-1	0
t	-1	2

(2) $t=2x$ とおくと, $dt=2dx$

$$\text{与式} = \int_0^\pi \cos t \cdot \frac{dt}{2} = \frac{1}{2}[\sin t]_0^\pi = \frac{1}{2}(0-0) = 0$$

x	0	$\frac{\pi}{2}$
t	0	π

(3) $x=a\sin t\left(-\frac{\pi}{2}\leq t \leq \frac{\pi}{2}\right)$ とおくと, $dx=a\cos t\,dt$

$$a^2-x^2 = a^2(1-\sin^2 t) = a^2\cos^2 t$$

$$\therefore \sqrt{a^2-x^2} = a\cos t$$

$$\text{与式} = \int_0^{\pi/6} \frac{1}{a\cos t} \cdot a\cos t\,dt = \int_0^{\pi/6} dt$$

$$= [t]_0^{\pi/6} = \frac{\pi}{6}$$

x	0	$\frac{a}{2}$
t	0	$\frac{\pi}{6}$

(4) $t-x=\sqrt{x^2+a}$ とおく $(t-x)^2 = x^2+a$

$$\therefore x = \frac{t^2-a}{2t}$$

$$\therefore \sqrt{x^2+a} = t-x = t-\frac{t^2-a}{2t} = \frac{t^2+a}{2t}$$

x	0	a
t	$\sqrt{a}$	$a+\sqrt{a^2+a}$

また, $x=\dfrac{1}{2}\left(t-a\cdot\dfrac{1}{t}\right)$ $dx=\dfrac{1}{2}\left(1-a\cdot\dfrac{-1}{t^2}\right)dt$

$$\therefore dx = \frac{t^2+a}{2t^2}dt$$

$$\text{与式} = \int_{\sqrt{a}}^{a+\sqrt{a^2+a}} \frac{1}{t}dt = [\log|t|]_{\sqrt{a}}^{a+\sqrt{a^2+a}}$$

$$= \log(a + \sqrt{a^2 + a}) - \log \sqrt{a}$$

(5) 与式 $= [x \log x]_1^3 - \int_1^3 dx = 3\log 3 - [x]_1^3 = 3\log 3 - 2$

(6) 与式 $= [x^2 e^x]_0^1 - 2\int_0^1 xe^x dx = e - 2\Big([xe^x]_0^1 - \int_0^1 e^x dx\Big)$

$$= e - 2(e - [e^x]_0^1) = e - 2\{e - (e-1)\} = e - 2$$

(7) $\int_0^\pi e^x \cos x dx = [e^x \cos x]_0^\pi - \int_0^\pi e^x(-\sin x)dx$

$$= -e^\pi - 1 + [e^x \sin x]_0^\pi - \int_0^\pi e^x \cos x dx$$

$\therefore \quad \int_0^\pi e^x \cos x dx = -e^\pi - 1 - \int_0^\pi e^x \cos x dx$

$\therefore \quad \int_0^\pi e^x \cos x dx = -\dfrac{e^\pi + 1}{2}$

(8) 与式 $= [-x^2 \cos x]_{-\pi/2}^{\pi/2} + 2\int_{-\pi/2}^{\pi/2} x\cos x dx$

$$= 2\Big\{[x\sin x]_{-\pi/2}^{\pi/2} - \int_{-\pi/2}^{\pi/2} \sin x dx\Big\} = 2[\cos x]_{-\pi/2}^{\pi/2} = 0 \qquad \blacksquare$$

〈広義積分：積分する区間で関数が有界でない場合の積分〉

これまでは，閉区間 $[a, b]$ で連続な関数の a から b までの定積分について調べてきた．これからは，閉区間で連続でない場合の定積分について考えよう．

いま，$f(x)$ を区間 $a < x \leqq b$ で連続な関数としよう．

十分小さい任意の正の数 ε に対して，$f(x)$ は閉区間 $a + \varepsilon \leqq x \leqq b$ で連続となり，積分可能となる．ここで

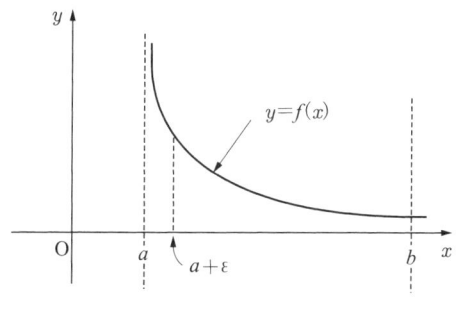

図 5-2

$$\lim_{\varepsilon \to 0} \int_{a+\varepsilon}^{b} f(x)dx \qquad ①$$

が存在するとき，

$$\int_{a}^{b} f(x)dx = \lim_{\varepsilon \to 0} \int_{a+\varepsilon}^{b} f(x)dx \qquad ②$$

と表し，広義積分 $\int_{a}^{b} f(x)dx$ は収束するという．同様に，$a \leqq x < b, a < x < b$ についても広義積分は定義される．

さらに，$f(x)$ が閉区間 $a \leqq x \leqq b$ の点 $a_1, a_2, \cdots, a_n$ ($a < a_1 < \cdots < a_n < b$) を除いて連続なとき，$f(x)$ の $a \leqq x \leqq b$ での定積分を次の③式で定義する．

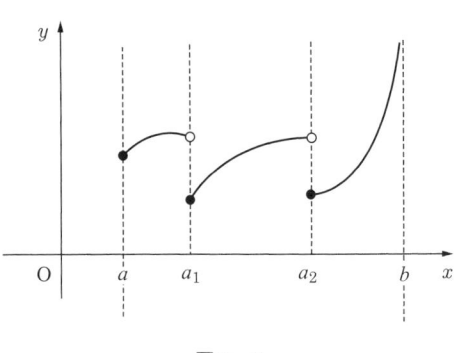

図 5-3

$$\int_{a}^{b} f(x)dx = \int_{a}^{a_1} f(x)dx + \int_{a_1}^{a_2} f(x)dx$$
$$+ \cdots + \int_{a_n}^{b} f(x)dx \qquad ③$$

無限区間 $-\infty < x \leqq b, a \leqq x < \infty, -\infty < x < \infty$ などの定積分も次のように表される．

$$\int_{-\infty}^{b} f(x)dx = \lim_{a \to -\infty} \int_{a}^{b} f(x)dx$$
$$\int_{a}^{\infty} f(x)dx = \lim_{b \to \infty} \int_{a}^{b} f(x)dx \qquad ④$$

これは，それぞれの右辺の極限値が存在するとき，それを左辺で表している．

広義積分において，$\int_a^b f(x)dx$ が収束するばかりでなく，$\int_a^b |f(x)|dx$ も収束するとき $\boldsymbol{\int_a^b f(x)dx}$ **は絶対収束する**という．このとき，広義積分の定義から，直接，次の不等式が成り立つ．

$$\left|\int_a^b f(x)dx\right| \leqq \int_a^b |f(x)|dx \qquad ⑤$$

区間が $-\infty < x < \infty$ のときも，同様に扱う．

■ **例3（計算）** 次の各広義積分の値を求めよ．

(1) $\int_0^1 \dfrac{1}{\sqrt{x}}dx$

(2) $\int_0^1 \dfrac{1}{x^\alpha}dx \quad (0 < \alpha < 1)$

(3) $\int_1^\infty \dfrac{1}{x^2}dx$

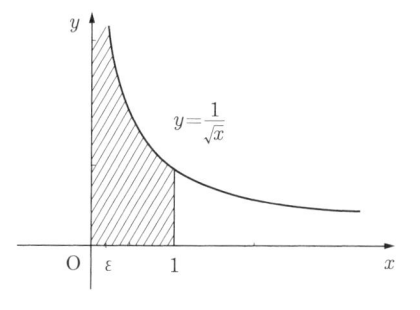

(4) $\int_0^\infty e^{-x}dx$

図 5-4

[解] (1) $0 < \varepsilon < 1$ に対して，

$$\int_0^1 \dfrac{1}{\sqrt{x}}dx = \lim_{\varepsilon \to 0}\int_\varepsilon^1 x^{-1/2}dx = \lim_{\varepsilon \to 0}\left[\dfrac{1}{-\dfrac{1}{2}+1}x^{1/2}\right]_\varepsilon^1$$
$$= \lim_{\varepsilon \to 0}2(1-\varepsilon^{1/2}) = 2$$

簡略化して，$\int_0^1 \dfrac{1}{\sqrt{x}}dx = [2\sqrt{x}]_0^1 = 2$ と書く．

(2) $0 < \varepsilon < 1$ に対して，

$$\int_0^1 \dfrac{1}{x^\alpha}dx = \lim_{\varepsilon \to 0}\int_\varepsilon^1 x^{-\alpha}dx = \lim_{\varepsilon \to 0}\left[\dfrac{x^{1-\alpha}}{-\alpha+1}\right]_\varepsilon^1$$
$$= \lim_{\varepsilon \to 0}\dfrac{1-\varepsilon^{1-\alpha}}{1-\alpha} = \dfrac{1}{1-\alpha}$$

簡略化して，$\int_0^1 \frac{1}{x^\alpha}dx = \left[\frac{x^{1-\alpha}}{1-\alpha}\right]_0^1 = \frac{1}{1-\alpha} - 0 = \frac{1}{1-\alpha}$ と書く．

(3) $\int_1^\infty \frac{1}{x^2}dx = \lim_{b\to\infty} \int_1^b \frac{1}{x^2}dx = \lim_{b\to\infty}\left[-\frac{1}{x}\right]_1^b = \lim_{b\to\infty}\left(1 - \frac{1}{b}\right) = 1$

簡略化して $\int_1^\infty \frac{1}{x^2}dx = \left[-\frac{1}{x}\right]_1^\infty = -\frac{1}{\infty} + 1 = 1$ と書く．

(4) $\int_0^\infty e^{-x}dx = \lim_{b\to\infty}\int_0^b e^{-x}dx = \lim_{b\to\infty}[-e^{-x}]_0^b = \lim_{b\to\infty}(1 - e^{-b}) = 1$

簡略化して
$$\int_0^\infty e^{-x}dx = [-e^{-x}]_0^\infty = 1$$
□

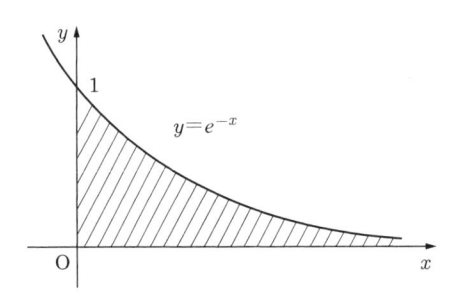

図 5 - 5

定理 5 - 1　(1)　$f(x)$ が偶関数 ($f(-x) = f(x)$) ならば

$$\int_{-a}^a f(x)dx = 2\int_0^a f(x)dx$$

コラム　偶関数：$x^2, \cos x$ など

(2)　$f(x)$ が奇関数 ($f(-x) = -f(x)$) ならば

$$\int_{-a}^a f(x)dx = 0$$

コラム　奇関数：$x, \sin x$ など

[証明]　(1)　$\int_{-a}^a f(x)dx = \int_{-a}^0 f(x)dx + \int_0^a f(x)dx$　⑥

$x = -t$ とおくと，右辺の第 1 項は

$$\int_{-a}^{0} f(x)dx = \int_{a}^{0} f(-t)(-dt) = \int_{0}^{a} f(-t)dt$$
$$= \int_{0}^{a} f(t)dt = \int_{0}^{a} f(x)dx$$
$$\therefore \int_{-a}^{a} f(x)dx = 2\int_{0}^{a} f(x)dx$$

(2) ⑥式において，右辺の第1項を $x = -t$ とおくと，
$$\int_{-a}^{0} f(x)dx = \int_{a}^{0} f(-t)(-dt) = \int_{0}^{a} f(-t)dt$$
$$= -\int_{0}^{a} f(t)dt = -\int_{0}^{a} f(x)dx$$
$$\therefore \int_{-a}^{a} f(x)dx = 0$$ ■

■ 例4　次の各定積分の値を，偶関数，奇関数に留意して求めよ．

(1) $\displaystyle\int_{-2}^{2}(x^2+x^3+x^7)dx$　　　(2) $\displaystyle\int_{-\pi/4}^{\pi/4}(\sin x + \cos x + \tan x)dx$

［解］（1）与式 $= 2\displaystyle\int_{0}^{2} x^2 dx = 2\left[\dfrac{1}{3}x^3\right]_{0}^{2} = \dfrac{16}{3}$

（2）与式 $= 2\displaystyle\int_{0}^{\pi/4}\cos x\,dx = 2[\sin x]_{0}^{\pi/4} = 2\sin\dfrac{\pi}{4} = \sqrt{2}$　■

定理 5-2　$\displaystyle\int_{0}^{\pi/2}\sin^n x\,dx = \int_{0}^{\pi/2}\cos^n x\,dx$

$$= \begin{cases} \dfrac{(n-1)(n-3)\cdots 4\cdot 2}{n(n-2)\cdots 5\cdot 3} & (n \text{ は3以上の奇数}) \\ \dfrac{(n-1)(n-3)\cdots 3\cdot 1}{n(n-2)\cdots 4\cdot 2}\cdot\dfrac{\pi}{2} & (n \text{ は正の偶数}) \end{cases}$$

［証明］　$x = \dfrac{\pi}{2} - t$ とおく

第 5 章　定積分とその応用

$$左辺 = -\int_{\pi/2}^{0} \sin^n\left(\frac{\pi}{2} - t\right) dt = \int_0^{\pi/2} \cos^n t\, dt = 右辺$$

$$I_n = \int_0^{\pi/2} \sin^n x\, dx = \int_0^{\pi/2} \sin^{n-1} x \sin x\, dx$$

$$= [\sin^{n-1} x(-\cos x)]_0^{\pi/2} + (n-1)\int_0^{\pi/2} \sin^{n-2} x \cos^2 x\, dx$$

$$= (n-1)\int_0^{\pi/2} \sin^{n-2} x(1-\sin^2 x)dx = (n-1)(I_{n-2} - I_n)$$

$$\therefore\quad I_n = \frac{n-1}{n}I_{n-2} \qquad\qquad ⑦$$

$$I_1 = \int_0^{\pi/2} \sin x\, dx = [-\cos x]_0^{\pi/2} = 1 \quad;\quad I_0 = \int_0^{\pi/2} dx = [x]_0^{\pi/2} = \frac{\pi}{2}$$

よって，n が 3 以上の奇数のとき，⑦式から，

$$I_n = \frac{n-1}{n}\cdot\frac{n-3}{n-2}I_{n-4} = \cdots = \frac{(n-1)(n-3)\cdots 4\cdot 2}{n(n-2)\cdots 5\cdot 3}I_1$$

n が正の偶数のとき，⑦式から，

$$I_n = \frac{n-1}{n}\cdot\frac{n-3}{n-2}I_{n-4} = \cdots = \frac{(n-1)(n-3)\cdots 3\cdot 1}{n(n-2)\cdots 4\cdot 2}I_0 \qquad\blacksquare$$

■ 例 5（計算）　次の各定積分の値を求めよ．

(1) $\displaystyle\int_0^{\pi/2} \sin^9 x\, dx$ \qquad\qquad (2) $\displaystyle\int_0^{\pi/2} \cos^8 x\, dx$

［解］　(1)　与式 $= \dfrac{8\cdot 6\cdot 4\cdot 2}{9\cdot 7\cdot 5\cdot 3} = \dfrac{2^7}{3^2\cdot 5\cdot 7} = \dfrac{128}{315}$

(2)　与式 $= \dfrac{7\cdot 5\cdot 3\cdot 1}{8\cdot 6\cdot 4\cdot 2}\cdot\dfrac{\pi}{2} = \dfrac{35}{2^7}\cdot\dfrac{\pi}{2} = \dfrac{35\pi}{256}$ \qquad\blacksquare

練習問題 5-1

A-1　次の各定積分の値を求めよ．

(1) $\displaystyle\int_{-1}^{2}(x^3 + x^2)dx$ \qquad\qquad (2) $\displaystyle\int_{-1}^{0}(2x+1)^3 dx$

(3) $\displaystyle\int_a^b (x-a)(x-b)dx$ (4) $\displaystyle\int_0^{1/2} \frac{1}{\sqrt{1-x^2}}dx$

(5) $\displaystyle\int_0^1 \frac{1}{\sqrt{x^2+1}}dx$ (6) $\displaystyle\int_0^1 \frac{1}{1+x^2}dx$

A-2 次の各定積分の値を求めよ．ここで，m, n は自然数とする．

(1) $\displaystyle\int_0^{2\pi} \sin mx \cos nx\, dx$ (2) $\displaystyle\int_0^{2\pi} \cos mx \cos nx\, dx$

B-1 次の各定積分の値を求めよ．

(1) $\displaystyle\int_0^1 \tan^{-1} x\, dx$ (2) $\displaystyle\int_0^1 \frac{4x-2}{x^3+1}dx$

B-2 定積分 $\displaystyle\int_0^a \frac{1}{x^\alpha}dx\ (a>0)$ は，$\alpha<1$ のとき収束し，$\alpha\geqq 1$ のとき発散することを示せ．

B-3 次の等式を証明せよ．
$$\int_0^{\pi/2} f(\sin x)dx = \int_0^{\pi/2} f(\cos x)dx$$

§2 定積分の応用（面積・体積・曲線の長さ）

> この節は，1 変数の積分の最後の節であり，積分のまとめでもある．テーマは，面積・体積・曲線の長さを積分により求めることである．ニュートン (1642〜1722) により導入された微分法によって，区分求積で求めた面積が，微分の逆演算で求められることから，微積分が急速に進歩してきた．これが現代数学の原点というべきところである．これを解説する．

(1) 面　積

閉区間の $a \leqq x \leqq b$ を含む区間で連続な関数 $y = f(x)$　$(f(x) > 0)$, x 軸, $x = a$, $x = b$ とで囲まれる図形の面積を S とすると,

$$S = \int_a^b f(x)dx \qquad ①$$

であることは，すでに示した．

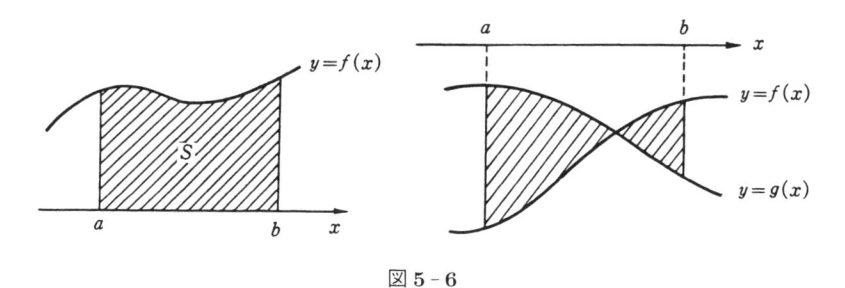

図 5-6

一般に，$y = f(x)$ と $y = g(x)$ とではさまれた図形の，$x = a$ と $x = b$ の間の部分の面積は，面積の定義から

$$\int_a^b |f(x) - g(x)|dx \qquad ②$$

である．

■ **例 1**（計算）　次のいくつかの曲線で囲まれた図形の面積を求めよ．

(1)　$y = x^3$,　$y = 0$,　$x = \pm 1$　　(2)　$y = x^2$,　$y = -x^2 + 4x$

(3)　$y = \dfrac{1}{x^2 + 1}$,　$y = 0$　　(4)　$\dfrac{x^2}{a^2} + \dfrac{y^2}{b^2} = 1$　$(a > 0,\ b > 0)$

(図 5-7, 5-8 参照)

[解]　(1)　$\displaystyle\int_{-1}^{1} |x^3|dx = -\int_{-1}^{0} x^3 dx + \int_{0}^{1} x^3 dx = -\left[\dfrac{x^4}{4}\right]_{-1}^{0} + \left[\dfrac{x^4}{4}\right]_{0}^{1} = \dfrac{1}{2}$

(a)　　　　　　　　　　(b)

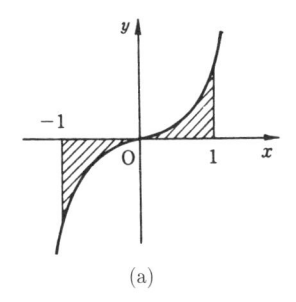

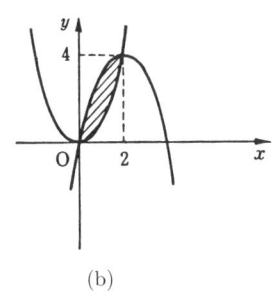

図 5 - 7

(2) $\int_0^2 |x^2 - (-x^2 + 4x)|dx = \int_0^2 (4x - 2x^2)dx = \left[4 \cdot \dfrac{x^2}{2} - 2 \cdot \dfrac{x^3}{3}\right]_0^2 = \dfrac{8}{3}$

(3) $\int_{-\infty}^{\infty} \dfrac{1}{x^2 + 1}dx = [\tan^{-1} x]_{-\infty}^{\infty} = \tan^{-1} \infty - \tan^{-1}(-\infty)$

$$= \dfrac{\pi}{2} - \left(-\dfrac{\pi}{2}\right) = \pi$$

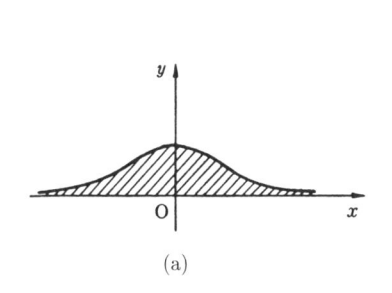

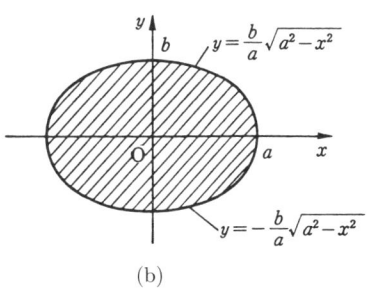

(a)　　　　　　　　　　(b)

図 5 - 8

(4)　$y = \pm \dfrac{b}{a}\sqrt{a^2 - x^2}$

$\int_{-a}^{a} \left\{\dfrac{b}{a}\sqrt{a^2 - x^2} - \left(-\dfrac{b}{a}\sqrt{a^2 - x^2}\right)\right\}dx = \dfrac{2b}{a}\int_{-a}^{a}\sqrt{a^2 - x^2}dx$

$= \dfrac{2b}{a}\left[\dfrac{1}{2}\left\{x\sqrt{a^2 - x^2} + a^2 \sin^{-1}\dfrac{x}{a}\right\}\right]_{-a}^{a} = ab\{\sin^{-1} 1 - \sin^{-1}(-1)\}$

$= ab\left\{\dfrac{\pi}{2} - \left(-\dfrac{\pi}{2}\right)\right\} = \pi ab$　（楕円の面積）

特に，$a = b$ のとき，円の面積は πa^2 となる．　　■

〈極座標〉

いま，新しい座標系である極座標を考えよう．平面上の点は xy 座標で完全に表せるが，別の座標系を考える理由は，関数がよりシンプルに表せれば，微積分の計算が画期的に簡単になる場合があるからである．

これまでは，x 軸，y 軸を基にして平面上の点を指定してきたが，原点でない点 $\mathrm{P}(x,y)$ を，原点 O と P との長さ $r = \mathrm{OP}$ と，x 軸の正の部分を**基線**とし，この基線と OP とのなす角（偏角）θ を用いて，$\mathrm{P}(r,\theta)$ で表すことにする．図から明らかなように，x，y を r，θ で表すと，

$$\begin{cases} x = r\cos\theta \\ y = r\sin\theta \end{cases} (r^2 = x^2 + y^2) \qquad ③$$

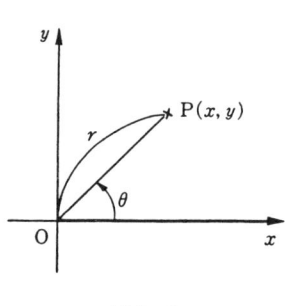

図 5 - 9

この新しい座標系によって，曲線の方程式が連続関数

$$r = f(\theta) \qquad ④$$

で与えられているとする．このとき，偏角が α と $\theta\,(\alpha < \theta)$ である2つの動径とこの曲線で囲まれる部分の図形の面積を $F(\theta)$ とする．偏角が θ から $\theta + h$ の間を動いたときの r の最小値，最大値を r_1 と r_2 とするとき，

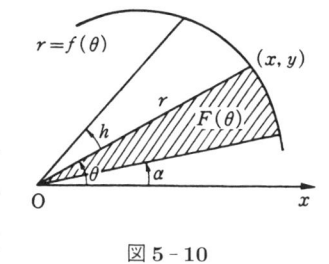

図 5 - 10

$$\frac{1}{2}r_1{}^2 h \leqq F(\theta + h) - F(\theta) \leqq \frac{1}{2}r_2{}^2 h \qquad ⑤$$

$$\therefore \quad \frac{1}{2}r_1{}^2 \leqq \frac{F(\theta + h) - F(\theta)}{h} \leqq \frac{1}{2}r_2{}^2 \qquad ⑥$$

よって，$h \to 0$ とすると，

§2 定積分の応用（面積・体積・曲線の長さ）　119

$$F'(\theta) = \lim_{h \to 0} \frac{F(\theta+h) - F(\theta)}{h} = \frac{1}{2}r^2 \qquad ⑦$$

よって，偏角が α と β $(\alpha < \beta)$ の動径とこの曲線によって囲まれる図形の面積を S とすると，$F(\alpha) = 0$ であるから，

$$\boldsymbol{S = F(\beta) = \frac{1}{2}\int_\alpha^\beta r^2 d\theta} \qquad ⑧$$

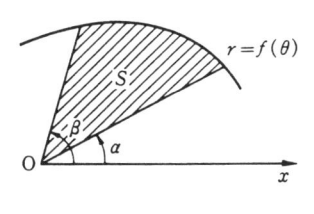

図 5 - 11

■ **例 2**（計算）　次のいくつかの曲線で囲まれる図形の面積を求めよ．$(a > 0)$

(1) $r = a,$ 　　　　$\theta = 0,\ \theta = 2\pi$

(2) $r = \theta,$ 　　　　$\theta = 0,\ \theta = \pi$

　　（図 5 - 12 参照）

(3) $r = e^\theta,$ 　　　　$\theta = 0,\ \theta = \pi$

［解］(1)　両辺を 2 乗して $r^2 = a^2$

$$\frac{1}{2}\int_0^{2\pi} r^2 d\theta = \frac{a^2}{2}\int_0^{2\pi} d\theta = \pi a^2$$

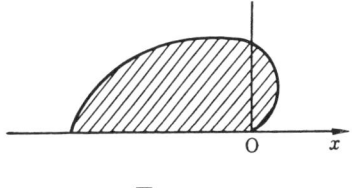

図 5 - 12

これは**半径 a の円の面積**で，極座標で円を表すことにより，円の面積の計算がとても簡単になった．(5 章の §2 の例 1（計算）の (4) と比べよ)

(2) $\displaystyle\frac{1}{2}\int_0^\pi r^2 d\theta = \frac{1}{2}\int_0^\pi \theta^2 d\theta = \frac{1}{2}\left[\frac{\theta^3}{3}\right]_0^\pi = \frac{1}{6}\pi^3$

(3) $\displaystyle\frac{1}{2}\int_0^\pi r^2 d\theta = \frac{1}{2}\int_0^\pi (e^\theta)^2 d\theta = \frac{1}{2}\int_0^\pi e^{2\theta} d\theta = \frac{1}{2}\left[\frac{1}{2}e^{2\theta}\right]_0^\pi = \frac{e^{2\pi}-1}{4}$ ■

（2）体　　積

$a \leqq x \leqq b$ で，$y = f(x)$ (> 0)，x 軸，$x = a,\ x = b$ とで囲まれる図形の面積を S とすると，

$$S = \int_a^b f(x) dx$$

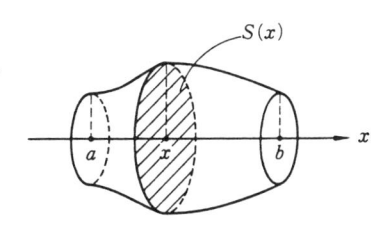

図 5 - 13

である．これとまったく同様にして，

$a \leqq x \leqq b$ に対して，x 軸に垂直な平面で切った切り口の面積を $S(x)$ とするとき，この立体の体積を V とすると，

$$V = \int_a^b S(x)dx \qquad ⑨$$

また，$a \leqq x \leqq b$ で連続な $y = f(x)$ のグラフを x 軸のまわりに回転してできる回転体の体積を V とすると，x での切り口の面積は $S(x) = \pi\{f(x)\}^2$ であるから，⑨式によって，

$$V = \pi \int_a^b \{f(x)\}^2 dx \qquad ⑩$$

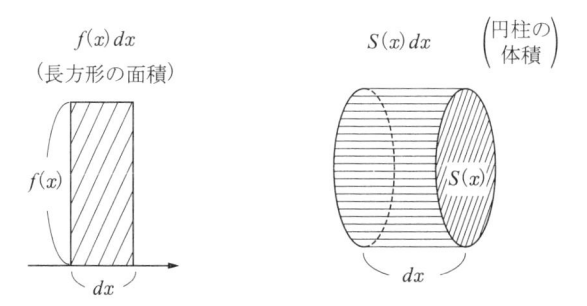

図 5 - 14

■ 例 3（計算） $\dfrac{x^2}{a^2} + \dfrac{y^2}{b^2} = 1$ を x 軸のまわりに回転してできる回転体の体積 V を求めよ．$a > 0$, $b > 0$ とする．

［解］ $S(x) = \pi y^2$ であり，

$$y^2 = b^2\left(1 - \frac{x^2}{a^2}\right)$$

$$= \frac{b^2}{a^2}(a^2 - x^2) \quad (-a \leqq x \leqq a)$$

図 5 - 15

$$\therefore \quad V = \pi \int_{-a}^a \frac{b^2}{a^2}(a^2 - x^2)dx = \pi \frac{b^2}{a^2}\left[a^2 x - \frac{x^3}{3}\right]_{-a}^a$$

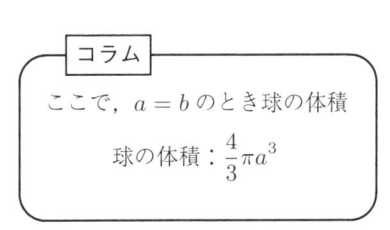

$$= \frac{4}{3}\pi ab^2 \qquad \blacksquare$$

> **コラム**
> ここで，$a=b$ のとき球の体積
> 球の体積：$\frac{4}{3}\pi a^3$

（3） 曲線の長さ

$\dfrac{dy}{dx} = f'(x)$ は接線の傾きであるから x と y の増分をそれぞれ Δx, Δy とすると $\dfrac{\Delta y}{\Delta x} \doteqdot \dfrac{dy}{dx}$ となる．このとき，微小部分は図 5-16 のようになるから，$y=f(x)$ の $x=a$ から $x=b$ までの**曲線の長さ** l は次のようになる．

$$l = \int_a^b \sqrt{dx^2 + dy^2} = \int_a^b \sqrt{1+\left(\frac{dy}{dx}\right)^2}dx$$

$$= \int_a^b \sqrt{1+\{f'(x)\}^2}dx \qquad ⑪$$

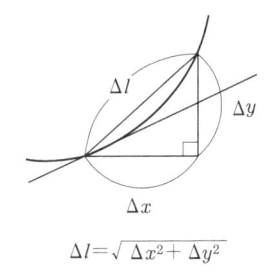

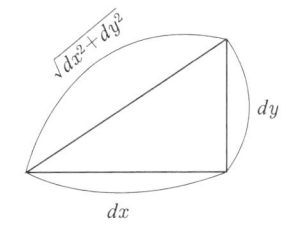

図 5-16

■ **例 4（計算）** 懸垂線（けんすいせん）$y = \dfrac{1}{2}(e^x + e^{-x})$ の $-a \leqq x \leqq a$ での曲線の長さ l を求めよ．

[解] $y' = \dfrac{1}{2}(e^x - e^{-x})$ $\therefore$ $1 + (y')^2 = \dfrac{1}{4}(e^x + e^{-x})^2$

$\therefore$ $l = \dfrac{1}{2}\displaystyle\int_{-a}^{a}(e^x + e^{-x})dx = \dfrac{1}{2}[e^x - e^{-x}]_{-a}^{a} = e^a - e^{-a}$ ∎

〈媒介変数表示〉

点 $P(x, y)$ が, $x = x(t)$, $y = y(t)$ によって与えられ, t の値が変わるとき, P が曲線をえがくとき, この $x(t)$, $y(t)$ を t を媒介変数とするその曲線の媒介変数表示という.

いま, 曲線が媒介変数表示

$$\begin{cases} x = x(t) \\ y = y(t) \end{cases} \quad (a \leqq t \leqq b) \tag{⑫}$$

で与えられているとき,

$$\sqrt{dx^2 + dy^2} = \sqrt{\left(\dfrac{dx}{dt}\right)^2 + \left(\dfrac{dy}{dt}\right)^2}\, dt \tag{⑬}$$

であるから, $a \leqq t \leqq b$ での曲線の長さ l は

$$l = \int_a^b \sqrt{\left(\dfrac{dx}{dt}\right)^2 + \left(\dfrac{dy}{dt}\right)^2}\, dt \quad \left(\dfrac{dx}{dt} \neq 0, \dfrac{dy}{dt} \neq 0\right) \tag{⑭}$$

■ **例 5** （計算） 半径が a, 中心が原点 $(0,0)$ の円を媒介変数表示をすると

$$\begin{aligned} x &= a\cos t \\ y &= a\sin t \end{aligned} \quad (0 \leqq t \leqq 2\pi)$$

となる. このとき, この円の円周の長さ l を求めよ.

[解] $\dfrac{dx}{dt} = -a\sin t$, $\dfrac{dy}{dt} = a\cos t$ $\therefore$ $\sqrt{\left(\dfrac{dx}{dt}\right)^2 + \left(\dfrac{dy}{dt}\right)^2} = a$

$\therefore$ $l = \displaystyle\int_0^{2\pi} \sqrt{\left(\dfrac{dx}{dt}\right)^2 + \left(\dfrac{dy}{dt}\right)^2}\, dt = \int_0^{2\pi} a\, dt = a[t]_0^{2\pi} = 2\pi a$ ∎

再び, 極座標

$$\begin{cases} x = r(\theta)\cos\theta \\ y = r(\theta)\sin\theta \end{cases} (r(\theta) > 0, \quad a \leqq \theta \leqq b)$$

によって与えられているとする．このとき，
$$r = \sqrt{x^2 + y^2} = r(\theta) \quad \therefore \quad r = r(\theta)$$
から，曲線が $r = r(\theta)$ で与えられている．よって，
$$\frac{dx}{d\theta} = \frac{dr}{d\theta}\cos\theta - r\sin\theta, \quad \frac{dy}{d\theta} = \frac{dr}{d\theta}\sin\theta + r\cos\theta$$
$$\therefore \quad \left(\frac{dx}{d\theta}\right)^2 + \left(\frac{dy}{d\theta}\right)^2 = r^2 + \left(\frac{dr}{d\theta}\right)^2 \qquad ⑮$$
$$\sqrt{dx^2 + dy^2} = \sqrt{\left(\frac{dx}{d\theta}\right)^2 + \left(\frac{dy}{d\theta}\right)^2} d\theta$$
$$= \sqrt{r^2 + \left(\frac{dr}{d\theta}\right)^2} d\theta$$

よって，θ が a から b までの曲線の長さ l は，次で与えられる．
$$l = \int_a^b \sqrt{r^2 + \left(\frac{dr}{d\theta}\right)^2} d\theta \qquad ⑯$$

■ 例6（計算） 次の各曲線の長さ l を求めよ．

(1) $y = \dfrac{e^x + e^{-x}}{2}$ $(0 \leqq x \leqq 2)$（懸垂線）

(2) $x = \theta - \sin\theta,\ y = 1 - \cos\theta$ $(0 \leqq \theta \leqq 2\pi)$（サイクロイド）

(3) $x^2 + y^2 = a^2$ $(a > 0)$ の全長（半径 a の円周）

[解] (1) $y' = \dfrac{e^x - e^{-x}}{2}$ $\therefore$ $1 + (y')^2 = \dfrac{1}{4}(e^x + e^{-x})^2$

$\therefore$ $l = \dfrac{1}{2}\int_0^2 (e^x + e^{-x})dx = \dfrac{1}{2}[e^x - e^{-x}]_0^2 = \dfrac{1}{2}\left(e^2 - \dfrac{1}{e^2}\right)$

(2) $\left(\dfrac{dx}{d\theta}\right)^2 + \left(\dfrac{dy}{d\theta}\right)^2 = (1 - \cos\theta)^2 + (\sin x)^2 = 2(1 - \cos\theta) = 4\sin^2\dfrac{\theta}{2}$

$\therefore$ $l = \int_0^{2\pi} 2\sin\dfrac{\theta}{2} d\theta = \left[-4\cos\dfrac{\theta}{2}\right]_0^{2\pi} = 4 - (-4) = 8$

(3) 極座標で表すと, $x = r\cos\theta$, $y = r\sin\theta$ $(0 \leqq \theta \leqq 2\pi)$ から
$$x^2 + y^2 = r^2 \quad \therefore \quad r = a \quad \therefore \quad r' = 0$$
$$\therefore \quad l = \int_0^{2\pi} \sqrt{a^2 + 0^2}\,d\theta = a\int_0^{2\pi} d\theta = a[\theta]_0^{2\pi} = 2\pi a$$

練習問題 5 - 2 次の各値を求めよ.

A - 1 $y^2 = x$ と $y = x^2$ で囲まれる図形の面積

A - 2 $y = \dfrac{1}{2}(e^x + e^{-x})$ $(0 \leqq x \leqq a)$ の x 軸のまわりの回転体の体積

A - 3 $r = \theta$ $(0 \leqq \theta \leqq 1)$ の長さ

B - 1 $r = a(1 + \cos\theta)$ で囲まれる図形の面積

B - 2 $x^2 + (y - a)^2 = r^2$ $(0 < r < a)$ の x 軸のまわりの回転体の体積

B - 3 $r = 1 + \cos\theta$ $(0 \leqq \theta \leqq 2\pi)$ の長さ

第 5 章の演習問題

A - 5 - 1 次の各定積分の値を求めよ.

(1) $\displaystyle\int_0^1 x^{\sqrt{7}}\,dx$ 　　(2) $\displaystyle\int_3^4 \dfrac{1}{(x-1)(x-2)}\,dx$

(3) $\displaystyle\int_0^{\pi/4} (1 + \tan^2 x)\,dx$ 　　(4) $\displaystyle\int_0^3 \dfrac{1}{\sqrt{9 - x^2}}\,dx$

A - 5 - 2 次の各定積分の値を求めよ.

(1) $\displaystyle\int_0^1 7^x\,dx$ 　　(2) $\displaystyle\int_0^1 x\sin^{-1} x\,dx$

(3) $\displaystyle\int_0^1 \dfrac{2x}{(x+1)^2(x^2+1)}\,dx$ 　　(4) $\displaystyle\int_{-\infty}^{\infty} \dfrac{1}{e^x + e^{-x}}\,dx$

A - 5 - 3 次の曲線と x 軸との間の面積を求めよ.
$$y = \dfrac{1}{x^2 - 2x + 5}$$

B - 5 - 1 次の各定積分の値を求めよ．

(1) $\displaystyle\int_2^3 \frac{2x}{x^2-4x+5}dx$ 　　　　(2) $\displaystyle\int_a^b \frac{1}{\sqrt{(x-a)(b-x)}}dx \quad (a<x<b)$

B - 5 - 2 次の曲線と x 軸との間の面積を求めよ．
$$y = x\log x \quad (0 < x \leqq 1)$$

B - 5 - 3 $\dfrac{x^2}{a^2} + \dfrac{y^2}{b^2} = 2z,\ z=c \quad (c>0)$ で囲まれた立体の体積を求めよ．

B - 5 - 4 曲線 $y=\cos x \left(0 \leqq x \leqq \dfrac{\pi}{2}\right)$ を y 軸のまわりに回転してできる曲面と xy 平面の囲む立体の体積を求めよ．

B - 5 - 5 次の各曲線の長さを求めよ．

(1) $\sqrt{x}+\sqrt{y}=\sqrt{a} \quad (a>0)$ 　　　　(2) $\begin{cases} x=\cos^3 t \\ y=\sin^3 t \end{cases} \quad (0 \leqq t \leqq 2\pi)$

第6章

2変数関数の微分法

横 x cm, たて y cm の長方形の面積 z cm² は, $z = xy$ である. このような2つの変数をもつ関数を一般化したものを

$$z = f(x, y)$$

と表し, z は x と y の関数と呼ぶ. これが **2変数の関数**である.

この章では, 2章で学んだ微分法が, 上記のような2変数ではどのように扱えるかを学ぶ. 私たちの身のまわりの運動を表すには空間 (3次元) と時間の4つの変数が必要となる. 2変数の微分法を学べばそれ以上の次元の世界にも見通しがつき, その類推からいろいろなことが解明できるからである.

2変数の微分法を1変数のときのように扱うには, まず, y を定数と考えて x で微分することが考えられる. これを記号で z_x とか f_x で表す. このような微分法を **x の偏微分**と呼んで, 新しい微分法を産み出している.

なお, 1変数で成り立っていたロピタルの定理 (3章) は残念ながら2変数以上では成り立たない. このように, 1次元の変数1つから, 2次元の変数2つ, さらに変数3つの世界へと視野を拡大していこう.

§1 偏導関数

2変数の関数 $f(x, y)$ を x について偏微分するということは，y を定数とみて，すなわち，x 以外の文字はすべて定数として，x で微分することであり，これを $f_x(x, y)$ で表す．よって，$f(x, y)$ を y で偏微分することを，$f_y(x, y)$ と表す．これをもとにして，いろいろな関数の偏微分について解説する．

2つの独立変数 x, y に対して，ただ1つの値 z がきまる対応を x と y の2変数関数といい，$z = f(x, y)$ で表す．このとき，z を従属変数という．

$\varepsilon > 0$ に対して，集合

$$\{(x, y) | \sqrt{(x-a)^2 + (y-b)^2} < \varepsilon\} \quad \text{①}$$

を中心 (a, b)，半径 ε の**開円板**(境界は含まれない) という．この開円板を (a, b) の ε **近傍**または単に**近傍**という．

xy 平面を考え，x 軸上の x と，y 軸上の y との組 (x, y) に対して，xy 平面に垂直に $z = f(x, y)$ である点 $(x, y, f(x, y))$ が定まる．

このとき，関数 $z = f(x, y)$ において (x, y) の動き得る平面上の点の集合を f の**定義域**という．

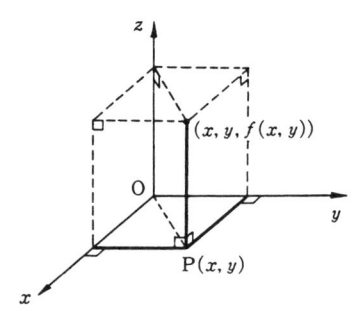

図6-1

f の定義域で定められるすべての点 $(x, y, f(x, y))$ を $z = f(x, y)$ の**グラフ**という．一般に，$z = f(x, y)$ のグラフは曲面となる．

極限について触れておこう．

$P(x, y)$ が $A(a, b)$ と異なりながら A に近づくとき

$$(x, y) \to (a, b) \text{ または } P \to A$$

と表す．これは，

$$(x, y) \to (a, b) \iff x \to a \text{ かつ } y \to b \qquad ②$$

関数 $z = f(x, y)$ は，$P(x, y) \to A(a, b)$ となるとき $f(x, y) \to c$ となるならば，

$$\lim_{(x,y)\to(a,b)} f(x, y) = c \quad \text{または} \quad \lim_{P\to A} f(P) = c \qquad ③$$

と表し，c を $(x, y) \to (a, b)$ のときの $f(x, y)$ の**極限値**または**極限**という．

■ **例 1**（計算）　関数 $f(x, y) = \dfrac{x^2}{x^2 + y^2}$ は，$(x, y) \to (0, 0)$ のとき，極限値が存在しないことを証明せよ．

［解］ $x = r\cos\theta, y = r\sin\theta$ とおくと，

$$\lim_{(x,y)\to(0,0)} \frac{x^2}{x^2 + y^2} = \lim_{r\to 0} \frac{r^2 \cos^2\theta}{r^2} = \lim_{r\to 0} \cos^2\theta = \cos^2\theta$$

となり，θ は $0 \sim 2\pi$ までとれるから，θ により極限値は一定でないから，極限値は存在しない．　　　■

■ **例 2**（計算）　次の極限値を求めよ．

$$\lim_{(x,y)\to(0,0)} \frac{x^3}{x^2 + y^2}$$

［解］ $x = r\cos\theta, y = r\sin\theta$ とおくと，$x^2 + y^2 = r^2$ であり，$(x, y) \to (0, 0)$ のとき，$r \to 0$ であるから

$$\frac{x^3}{x^2 + y^2} = \frac{r^3 \cos^3\theta}{r^2} = r\cos^3\theta \to 0 \quad (r \to 0)$$

$$\therefore \quad \lim_{(x,y)\to(0,0)} \frac{x^3}{x^2 + y^2} = 0 \qquad ■$$

2変数関数の極限も1変数の関数の極限の場合と同じ性質をもっているから，証明なしであげておく．

第6章 2変数関数の微分法

定理6-1 $\lim_{(x,y)\to(a,b)} f(x, y)$, $\lim_{(x,y)\to(a,b)} g(x, y)$ が存在するとき，これらの定数倍，和，差，積，商の極限値は存在する．

関数 $f(x, y)$ が1点 (a, b) で連続であるとは，(a, b) の近傍で定義されていて，

$$\lim_{(x,y)\to(a,b)} f(x, y) = f(a, b) \qquad ④$$

$f(x, y)$ が領域 D の各点で連続であるとき，$f(x, y)$ は D で連続であるという．ここで，**領域**とは連結（D 内の2点は折れ線で結べる），開集合（境界を含まない）である．連続性についても，2変数の関数は1変数の関数と同じ性質がある．これも証明なしであげておく．

定理6-2 $f(x, y)$, $g(x, y)$ が領域 D で連続であるとするとき，これらの定数倍，和，差，積，商についても D で連続である．

次に偏微分について解説しよう．

関数 $f(x, y)$ が領域 D で定義されていて，(x, y) が D に属するとき，

$$\lim_{h\to 0} \frac{f(x+h, y) - f(x, y)}{h} \qquad ⑤$$

[コラム: y は定数扱い]

が存在する．この極限を x に関する偏導関数といい，次のように表す．

$$\frac{\partial}{\partial x} f(x, y), \quad \frac{\partial f(x, y)}{\partial x}, \quad z_x, \quad f_x, \quad \frac{\partial z}{\partial x}, \quad \frac{\partial f}{\partial x}$$

この f_x を求めることを，$f(x, y)$ を x に関して偏微分するという．

同様に，

$$\lim_{k\to 0} \frac{f(x, y+k) - f(x, y)}{k} \qquad ⑥$$

[コラム: x は定数扱い]

が存在するとき，この極限を y に関する**偏導関数**といい，次のように表す．

$$\frac{\partial}{\partial y}f(x,\ y),\quad \frac{\partial f(x,\ y)}{\partial y},\quad z_y,\quad f_y,\quad \frac{\partial z}{\partial y},\quad \frac{\partial f}{\partial y}$$

ここで，$\dfrac{\partial z}{\partial x}$ はデー z デー x と上から読む．

(∂ はデーはドイツ語読みで，また，ラウンドディとも読む)

$z = f(x,\ y)$ の偏導関数 $f_x(x,\ y)$，$f_y(x,\ y)$ を f_x，f_y と書き，**1次偏導関数**という．f_x の偏導関数 $(f_x)_x = f_{xx}$，$(f_x)_y = f_{xy}$，f_y の偏導関数 $(f_y)_x = f_{yx}$，$(f_y)_y = f_{yy}$ を $f(x,\ y)$ の **2次偏導関数**といい，$\dfrac{\partial^2}{\partial x^2}$，$\dfrac{\partial^2}{\partial x \partial y}$，$\dfrac{\partial^2}{\partial y^2}$ とも書く．

2次偏導関数は f_{xx}，f_{xy}，f_{yx}，f_{yy} の4つあるが，それぞれが連続ならば

$$f_{xy} = f_{yx} \qquad\qquad ⑦$$

となり，2次偏導関数は，f_{xx}，f_{xy} または f_{yx}，f_{yy} の3つということになる．

何次偏導関数でも連続である関数の集まりは C^∞（シーインフィニティ級と読む）で表し，主に，本書では，C^∞ の関数の集まりを扱う．

■ **例3**（計算） 次の各関数を偏微分せよ．

(1) $z = x^3 + y^3 + x^3 y^2$ \qquad (2) $z = x\sin y + y\cos x$

[解] (1) $z_x = 3x^2 + 3x^2 y^2$,\quad $z_y = 3y^2 + 2x^3 y$

(2) $z_x = \sin y - y\sin x$,\quad $z_y = x\cos y + \cos x$ □

■ **例4**（計算） 次の関数の2次偏導関数を求めよ．

(1) $z = x^3 + x^4 y^5 + y^6$ \qquad (2) $z = \log(x^2 + y^2)$

[解] (1) $z_x = 3x^2 + 4x^3 y^5$ \qquad $z_y = 5x^4 y^4 + 6y^5$
$z_{xx} = 6x + 12x^2 y^5$ \qquad $z_{xy} = 20x^3 y^4$
$z_{yx} = 20x^3 y^4$ \qquad\qquad $z_{yy} = 20x^4 y^3 + 30y^4$

> コラム
> $z_{xy} = z_{yx}$ となる．

(2) $z_x = \dfrac{2x}{x^2+y^2}$　　　$z_y = \dfrac{2y}{x^2+y^2}$　　　$z_{xx} = \dfrac{2(-x^2+y^2)}{(x^2+y^2)^2}$

　　　$z_{xy} = \dfrac{-4xy}{(x^2+y^2)^2}$　　$z_{yx} = \dfrac{-4xy}{(x^2+y^2)^2}$　　$z_{yy} = \dfrac{2(x^2-y^2)}{(x^2+y^2)^2}$　　■

ここで, $\Delta = \dfrac{\partial^2}{\partial x^2} + \dfrac{\partial^2}{\partial y^2}$ とおくと, $\Delta f = \left(\dfrac{\partial^2}{\partial x^2} + \dfrac{\partial^2}{\partial y^2}\right)f = f_{xx} + f_{yy}$ となる.

この例4(2)では, $\Delta z = \left(\dfrac{\partial^2}{\partial x^2} + \dfrac{\partial^2}{\partial y^2}\right)z = z_{xx} + z_{yy} = 0$ となる.

次に, 2変数の微分または全微分を定義しよう.

$z = f(x, y)$ について, (x, y) における z の増分 Δz を次で表す.

$$\boldsymbol{\Delta z = f(x+h, y+k) - f(x, y)}\ (h, k: \text{正で十分小})\quad ⑧$$

このとき, 1変数の平均値の定理と $f_x(x, y)$, $f_y(x, y)$ の連続性から

$$\Delta z = f(x+h, y+k) - f(x, y+k) + f(x, y+k) - f(x, y)$$
$$= f_x(x+\theta_1 h, y+k)h + f_y(x, y+\theta_2 k)k \quad \begin{pmatrix} 0 < \theta_1 < 1 \\ 0 < \theta_2 < 1 \end{pmatrix}$$
$$= f_x(x, y)h + f_y(x, y)k + \varepsilon_1 h + \varepsilon_2 k$$

ここで, $h \to 0$, $k \to 0$ のとき, $\varepsilon_1 \to 0$, $\varepsilon_2 \to 0$

このとき, $h = \Delta x$, $k = \Delta y$ とおくと

$$\boldsymbol{\Delta z = f_x(x, y)\Delta x + f_y(x, y)\Delta y + \varepsilon_1 \Delta x + \varepsilon_2 \Delta y} \quad ⑨$$
$$\therefore\ \boldsymbol{\Delta z \fallingdotseq f_x(x, y)\Delta x + f_y(x, y)\Delta y} \quad ⑩$$

ここで, $\Delta x \to dx$, $\Delta y \to dy$, $\Delta z \to dz$ とすると

$$dz = f_x(x, y)dx + f_y(x, y)dy \quad ⑪$$

> コラム
> $dz = f_x dx + f_y dy$

これを $z = f(x, y)$ の **微分** または **全微分** と呼んでいる.

2つのベクトル $\vec{a} = (a_1, a_2, a_3)$, $\vec{b} = (b_1, b_2, b_3)$ について

$$\vec{a} \perp \vec{b} \iff \vec{a} \cdot \vec{b} = 0 \iff a_1 b_1 + a_2 b_2 + a_3 b_3 = 0$$

であるから, $z = f(x, y)$ の接ベクトル (dx, dy, dz) に対して, ⑪式から, $f_x dx + f_y dy - dz = 0$ によって,

$$(f_x,\ f_y,\ -1) \qquad ⑫$$

は，$f(x,\ y) - z = 0$ 上の点 $(x,\ y,\ z)$ における法ベクトルとなる．

定理 6 - 3 $z = f(x,\ y)$ の点 $\mathrm{P}(a,\ b,\ c)$ における接平面の方程式は次の式で与えられる．
$$z - c = f_x(a,\ b)(x - a) + f_y(a,\ b)(y - b)$$

[証明] $z = (x,\ y)$ の点 $\mathrm{P}(a,\ b,\ c)$ における法ベクトルは，⑫式から $(f_x(a,\ b),\ f_y(a,\ b),\ -1)$．接平面上の点 $(x,\ y,\ z)$ について，$(x - a,\ y - b,\ z - c)$ は法ベクトルと垂直であるから，求める接平面は
$$f_x(a,\ b)(x - a) + f_y(a,\ b)(y - b) - (z - c) = 0 \qquad ■$$

(1) $x = g(t),\ y = h(t)$ で，$z = f(x,\ y) = f(g(t),\ h(t))$ のとき⑩式から
$$\frac{\Delta z}{\Delta t} \fallingdotseq f_x(x,\ y)\frac{\Delta x}{\Delta t} + f_y(x,\ y)\frac{\Delta y}{\Delta t} \qquad ⑬$$
ここで，$\Delta t \to 0$ とすると，
$$\frac{dx}{dt} = f_x(x,\ y)\frac{dx}{dt} + f_y(x,\ y)\frac{dy}{dt}$$
$$\therefore\ \frac{dz}{dt} = \frac{\partial z}{\partial x}\frac{dx}{dt} + \frac{\partial z}{\partial y}\frac{dy}{dt} \qquad ⑭$$

(2) $y = g(x)$ で，$z = f(x,\ y) = f(x,\ g(x))$ のとき，⑩式から
$$\frac{\Delta z}{\Delta x} \fallingdotseq f_x(x,\ y)\frac{\Delta x}{\Delta x} + f_y(x,\ y)\frac{\Delta y}{\Delta x} \qquad ⑮$$
ここで，$\Delta x \to 0$ とすると，
$$\frac{dz}{dx} = f_x(x,\ y) + f_y(x,\ y)\frac{dy}{dx}$$
$$\therefore\ \frac{dz}{dx} = \frac{\partial z}{\partial x} + \frac{\partial z}{\partial y}\frac{dy}{dx} \qquad ⑯$$

さらに，$u = u(x,\ y),\ v = v(x,\ y)$ で，

$f(u, v) = f(u(x, y), v(x, y))$ のとき，⑩式から

$$\Delta z \doteqdot f_u(u, v)\Delta u + f_v(u, v)\Delta v \qquad \text{⑰}$$

となる．この両辺を Δx で割って，$\Delta x \to 0$ とすると，

$$\frac{\partial z}{\partial x} = f_u(u, v)\frac{\partial u}{\partial x} + f_v(u, v)\frac{\partial v}{\partial x}$$

$$\therefore \quad \frac{\partial z}{\partial x} = \frac{\partial z}{\partial u}\frac{\partial u}{\partial x} + \frac{\partial z}{\partial v}\frac{\partial v}{\partial x} \qquad \text{⑱}$$

同様に，⑰式の両辺を Δy で割って，$\Delta y \to 0$ とすると，

$$\frac{\partial z}{\partial y} = f_u(u, v)\frac{\partial u}{\partial y} + f_v(u, v)\frac{\partial v}{\partial y}$$

$$\therefore \quad \frac{\partial z}{\partial y} = \frac{\partial z}{\partial u}\frac{\partial u}{\partial y} + \frac{\partial z}{\partial v}\frac{\partial v}{\partial y} \qquad \text{⑲}$$

定理 6-4 $z = f(x, y),\ x = r\cos\theta,\ y = r\sin\theta$ のとき，
$$\left(\frac{\partial z}{\partial x}\right)^2 + \left(\frac{\partial z}{\partial y}\right)^2 = \left(\frac{\partial z}{\partial r}\right)^2 + \frac{1}{r^2}\left(\frac{\partial z}{\partial \theta}\right)^2$$
が成り立つことを証明せよ．

［証明］ z は r, θ の関数であるから，⑱式，⑲式を適用して
$$z_r = z_x x_r + z_y y_r = z_x \cos\theta + z_y \sin\theta$$
$$z_\theta = z_x x_\theta + z_y y_\theta = z_x r(-\sin\theta) + z_y r \cos\theta$$
$$\therefore \quad (z_r)^2 + \left(\frac{1}{r}z_\theta\right)^2 = (z_x)^2 + (z_y)^2 \qquad \blacksquare$$

定理 6-5 $z = f(x, y),\ x = a + ht,\ y = b + kt$ （a, b, h, k は定数）のとき，次の関係式が成り立つ．
$$\frac{dz}{dt} = hf_x(x, y) + kf_y(x, y)\ ;\ \frac{d^n z}{dt^n} = \left(h\frac{\partial}{\partial x} + k\frac{\partial}{\partial y}\right)^n f(x, y)$$

ここで，$\left(h\dfrac{\partial}{\partial x}+k\dfrac{\partial}{\partial y}\right)^n = \displaystyle\sum_{j=0}^{n} h^{n-j}k^j \dfrac{\partial^n}{\partial x^{n-j}\partial y^j}$ と約束する．

［証明］ ⑭式から，
$$\frac{dz}{dt} = \frac{\partial z}{\partial x}\frac{dx}{dt} + \frac{\partial z}{\partial y}\frac{dy}{dt} = h\frac{\partial z}{\partial x} + k\frac{\partial z}{\partial y} = hf_x + kf_y$$

$n=2$ のとき，
$$\frac{d^2z}{dt^2} = \frac{d}{dt}\left(\frac{dz}{dt}\right) = \frac{d}{dt}(hf_x + kf_y) = h\frac{d}{dt}f_x + k\frac{d}{dt}f_y$$
$$= h(hf_{xx} + kf_{xy}) + k(hf_{yx} + kf_{yy})$$
$$= h^2 f_{xx} + 2hk f_{xy} + k^2 f_{yy}$$
$$\therefore \quad \frac{d^2z}{dt^2} = \left(h\frac{\partial}{\partial x} + k\frac{\partial}{\partial y}\right)^2 f(x,\ y)$$

同様にして，
$$\frac{d^n z}{dt^n} = \left(h\frac{\partial}{\partial x} + k\frac{\partial}{\partial y}\right)^n f(x,\ y)$$

詳しくは，数学的帰納法による． ■

以上の準備の下で，次の2変数のテーラー展開の特別な場合のマクローリン展開が得られる．

定理 6-6　$f(x,\ y) = f(0,\ 0) + \left(x\dfrac{\partial}{\partial x} + y\dfrac{\partial}{\partial y}\right)f(0,\ 0)$
$+ \left(x\dfrac{\partial}{\partial x} + y\dfrac{\partial}{\partial y}\right)^2 f(0,\ 0) + \cdots + \dfrac{1}{n!}\left(x\dfrac{\partial}{\partial x} + y\dfrac{\partial}{\partial y}\right)^n f(0,\ 0) + \cdots$

証明は1変数の場合と同じであるから，ここでは省略する．

■ 例5 $f(x, y) = \sin(x+y)$ の2変数のマクローリン展開を，x, y の1次の項まで求めよ．

[解] $f_x = \cos(x+y)$, $f_y = \cos(x+y)$ ∴ $f_x(0, 0) = 1$, $f_y(0, 0) = 1$
　　　∴ $f(x, y) = f(0, 0) + x f_x(0, 0) + y f_y(0, 0) + \cdots$
　　　∴ $\sin(x+y) = x + y + \cdots$ ■

練習問題 6-1

A-1 次の各関数を偏微分せよ．
 (1) $z = (xy+1)^3$ 　　　　　　　　(2) $z = \sqrt{1 - x^2 - y^2}$

A-2 次の各関数の2次偏導関数を求めよ．
 (1) $z = (xy+1)^3$ 　　　　　　　　(2) $z = \sqrt{1 - x^2 - y^2}$

A-3 次の各関数の微分（全微分）を求めよ．
 (1) $z = x^2 + y^3$ 　　　　　　　　(2) $z = x^2 y^3$

B-1 次の各関数を偏微分せよ．
 (1) $z = e^{x/y}$ 　　　　　　　　　(2) $z = y^x \ (y > 0)$

B-2 次の各関数の2次偏導関数を求めよ．
 (1) $z = e^{x/y}$ 　　　　　　　　　(2) $z = y^x \ (y > 0)$

B-3 次の各関数の2変数のマクローリン展開を x, y について (1) は3次まで，(2) は2次まで求めよ．
 (1) $f(x, y) = \sin(x+y)$ 　　　　(2) $f(x, y) = \cos(x+y)$

§2 偏導関数の応用

　この節においては，2変数関数は，1変数の場合のように，極大値，極小値を扱うのにどうしたらよいか，とか $f(x, y) = 0$ と表される関数をどう扱えばよいのかを解説する．

$f(x, y)$ が (a, b) とその点の十分近い任意の点 (x, y) に対して,
$$f(a, b) > f(x, y) \qquad ①$$
であるとき, $f(x, y)$ は (a, b) で**極大**であるといい, $f(a, b)$ を**極大値**という.
また, (a, b) とその点の十分近い任意の点 (x, y) に対して,
$$f(a, b) < f(x, y) \qquad ②$$
であるとき, $f(x, y)$ は (a, b) で**極小**であるといい, $f(a, b)$ を**極小値**という. 極大値と極小値をあわせて**極値**という.

$f(a, b)$ が極値であるとき, $f(x, b)$ は x だけの関数としても極値をとるから, $f_x(a, b) = 0$. また, $f(a, y)$ は y だけの関数としても極値をとるから, $f_y(a, b) = 0$.

定理 6-7 関数 $f(x, y)$ について, $f_x(a, b) = 0$, $f_y(a, b) = 0$ のとき,
$$\Delta = \{f_{xy}(a, b)\}^2 - f_{xx}(a, b) \cdot f_{yy}(a, b)$$
とおく.
(1) $\Delta < 0$ のとき,
  (ⅰ) $f_{xx}(a, b) > 0$ または $f_{yy}(a, b) > 0$ ならば, $f(a, b)$ は極小値
  (ⅱ) $f_{xx}(a, b) < 0$ または $f_{yy}(a, b) < 0$ ならば, $f(a, b)$ は極大値
(2) $\Delta > 0$ のとき, $f(a, b)$ は極値ではない.
(3) $\Delta = 0$ のとき, 判定不能

[証明] 定理 6-6 の $(0, 0)$ を (a, b) とすると, $f_x(a, b) = 0$, $f_y(a, b) = 0$ から
$$f(a+x, b+y) - f(a, b)$$
$$= \frac{1}{2}\{x^2 f_{xx}(a, b) + 2xy f_{xy}(a, b) + y^2 f_{yy}(a, b)\} + \varepsilon \qquad ③$$

f_{xx}, f_{xy}, f_{yy} が同時に 0 でないと仮定して，この場合のみを考える．x と y の絶対値が十分小であるときは，③式の ε は無視できる．

いま，$f_{xx}(a, b) \neq 0$ とすると，③式 { } に $f_{xx}(a, b)$ をかけて，
$$f_{xx}(a, b)\{x^2 f_{xx}(a, b) + 2xy f_{xy}(a, b) + y^2 f_{yy}(a, b)\}$$
$$= \{x f_{xx}(a, b) + y f_{xy}(a, b)\}^2 - y^2 \Delta \qquad ④$$

よって，$(x, y) \neq (0, 0)$ のとき，

(1) $\Delta < 0$ ならば，④式は正である．
 (ⅰ) $f_{xx}(a, b) > 0$ ならば，③と④から $f(a, b)$ は極小値である．
 (ⅱ) $f_{xx}(a, b) < 0$ ならば，③と④から $f(a, b)$ は極大値である．

(2) $\Delta > 0$ ならば，
 (ⅰ) $x \neq 0$, $y = 0$ のとき，④ > 0 である．
 (ⅱ) $x f_{xx}(a, b) + y f_{xy}(a, b) = 0$ で，$y \neq 0$ のとき，④ < 0 である．
 よって，(ⅰ) と (ⅱ) から③式の右辺は正にも負にもなるから極値はない．

(3) $\Delta = 0$ のとき，
 さらに，$x f_{xx}(a, b) + y f_{xy}(a, b) = 0$ では，④式は③式の ε によって符号が左右されるので，この方法は判定できない．

よって，$f_{xx}(a, b) \neq 0$ の場合の定理が得られた．

次に，$f_{xx}(a, b) = 0$ のとき，$f_{yy}(a, b) \neq 0$ ならば，同様に考える．

$f_{xx}(a, b) = f_{yy}(a, b) = 0$ ならば，$f_{xy}(a, b) \neq 0$ となるから，x, y によって，③式は正にも負にもなるから，$f(a, b)$ は極値にならない．

■ 例 1（計算） $f(x, y) = x^2 - xy + y^2 - x - y$ の極値を求めよ．

[解] $f_x = 2x - y - 1$, $f_y = -x + 2y - 1$
  $f_x = 0$, $f_y = 0$ を解いて $(x, y) = (1, 1)$
また，$f_{xx} = 2$, $f_{yy} = 2$, $f_{xy} = -1$ ∴ $\Delta = f_{xy}{}^2 - f_{xx} f_{yy} = -3 < 0$
よって，$f_{xx} = 2 > 0$ から，$f(1, 1) = -1$ は極小値である．

■ 例 2（計算） $f(x, y) = x^3 + y^3 - 9xy$ の極値を求めよ．

[解] $f_x = 3x^2 - 9y$, $f_y = 3y^2 - 9x$．ここで，$f_x = 0$, $f_y = 0$ を解くと，
  $(x, y) = (0, 0)$, $(3, 3)$
また，$f_{xx} = 6x$, $f_{xy} = -9$, $f_{yy} = 6y$
  $\Delta = f_{xy}{}^2(x, y) - f_{xx}(x, y) \cdot f_{yy}(x, y) = 81 - 36xy$
(ⅰ) $(x, y) = (0, 0)$ のとき，$\Delta = 81$ ∴ $f(0, 0)$ は極値でない．

(ii) $(x, y) = (3, 3)$ のとき，$\Delta = (-9)^2 - 36 \cdot 9 < 0$
よって，$f_{xx}(3, 3) = 18 > 0$ であるから，$f(3, 3) = -27$ は極小値． ■

$y = x^2$ のような $y = f(x)$ と表される関数を**陽関数**といい，$x^2 + y^2 - 1 = 0$ のように $f(x, y) = 0$ の形で表わされる関数を**陰関数**という．

定理 6-8　陰関数の定理

$f(x, y) = 0$ が，点 (a, b) において，

$$f(a, b) = 0, \quad f_y(a, b) \neq 0$$

をみたすならば，(a, b) の近くにおいて，$f(x, y) = 0$ をみたす関数 $y = g(x)$ が存在する．また，

$$\frac{dy}{dx} = g'(x) = -\frac{f_x(x, g(x))}{f_y(x, g(x))}$$

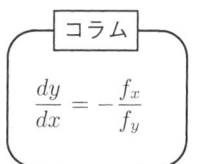

コラム
$$\frac{dy}{dx} = -\frac{f_x}{f_y}$$

[証明] 仮定 $f_y(a, b) \neq 0$ から，$f_y(a, b) > 0$ とする．$f_y(x, y)$ は連続であるから，(a, b) の十分近くでは，$f_y(x, y) > 0$. ここで，$z = f(x, y)$ は x を固定すると，y の関数として，$z = f(x, y)$ は増加関数である．よって，$f(a, b) = 0$ から，$y_1 < b < y_2$ に対して，

$$f(a, y_1) < 0 < f(a, y_2) \qquad ⑤$$

よって，$x = a$ の近くでは連続性から

$$f(x, y_1) < 0 < f(x, y_2) \qquad ⑥$$

となり，固定した x に対して，$f(x, y)$ は y の関数として，増加である．よって，

$$f(x, y) = 0 \qquad ⑦$$

をみたす y がただ 1 つ x の関数として定まる．この関数を

$$y = g(x) \qquad ⑧$$

図 6-2

とおく．この関数が求める関数である．

次に，$f(x, y) = 0$ の両辺の全微分（§1 の⑪）をとると，
$$f_x(x, y)dx + f_y(x, y)dy = 0$$
$$\therefore \quad \frac{dy}{dx} = g'(x) = -\frac{f_x(x, y)}{f_y(x, y)}$$

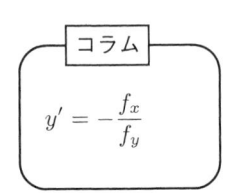

コラム
$$y' = -\frac{f_x}{f_y}$$

■ 例3（計算）　$x^3 + y^3 - 3xy = 0$ のとき，y' を求めよ．

[解]　$f = x^3 + y^3 - 3xy$ とおくと，$f_x = 3x^2 - 3y$, $f_y = 3y^2 - 3x$
$$\therefore \quad y' = \frac{dy}{dx} = -\frac{x^2 - y}{y^2 - x} \quad (y^2 - x \neq 0)$$

定理 6-9　$f(x, y) = 0$, $f_y(x, y) \neq 0$ のとき
$$\frac{d^2y}{dx^2} = -\frac{1}{f_y{}^3}(f_{xx}f_y{}^2 - 2f_{xy}f_x f_y + f_{yy}f_x{}^2)$$

[証明]　$\dfrac{d^2y}{dx^2} = \dfrac{d}{dx}\left(-\dfrac{f_x}{f_y}\right) = -\dfrac{\left(\dfrac{d}{dx}f_x\right)f_y - f_x\dfrac{d}{dx}(f_y)}{f_y{}^2}$

$\qquad = -\dfrac{(f_{xx} + f_{xy}y')f_y - f_x(f_{yx} + f_{yy}y')}{f_y{}^2}$

$\qquad = -\dfrac{f_{xx}f_y{}^2 - 2f_{xy}f_x f_y + f_{yy}f_x{}^2}{f_y{}^3}$

定理 6-10　$f(x, y) = 0$ で与えられている x の関数 y について

連立方程式 $\begin{cases} f(x, y) = 0 \\ f_x(x, y) = 0 \end{cases}$

の解が存在して，その解 (a, b) で，$f_y(a, b) \neq 0$ のとき

(1) $\dfrac{f_{xx}(a,\,b)}{f_y(a,\,b)} < 0$ ならば，$x = a$ のとき極小値 $y = b$ をとる．

(2) $\dfrac{f_{xx}(a,\,b)}{f_y(a,\,b)} > 0$ ならば，$x = a$ のとき極大値 $y = b$ をとる．

[証明] $y' = -\dfrac{f_x}{f_y}$ から，$f_x = 0$ のとき，$y' = 0$ となる．これは曲線 $f(x,\,y) = 0$ の点 $(a,\,b)$ での接線が x 軸に平行であることを示している．

また，$f_x = 0$ のとき，定理 6-9 から，$\dfrac{d^2 y}{dx^2} = -\dfrac{f_{xx}(a,\,b)}{f_y(a,\,b)}$ となる．

よって，$y'' > 0$ ならば $x = a$ で下に凸，$y'' < 0$ ならば $x = a$ で下に凹（上に凸）である． ■

練習問題 6-2

A-1 次の各関数の極値を求めよ．
 (1) $f(x,\,y) = x^2 - xy + y^2 + 3x - 9y$
 (2) $f(x,\,y) = x^2 - 2xy + y^2 - 6x + 6y + 9$

A-2 次の各陰関数によって定まる $y = g(x)$ の導関数 y' を求めよ．
 (1) $x^2 - xy + y^2 - y = 0$ (2) $x^3 - y^3 + x - y = 0$

B-1 $f(x,\,y) = x^4 + y^4 - (x - y)^2$ の極値を求めよ．

B-2 辺の和が $3a\,(a > 0)$ である直方体の体積の最大値を求めよ．

B-3 次の各陰関数によって定まる $y = g(x)$ の極値を求めよ．
 (1) $x^2 - xy + y^2 - y = 0$ (2) $x^4 - 2x^2 + y = 0$

第 6 章の演習問題

A-6-1 次の各関数の 2 次偏導関数を求めよ．
 (1) $z = x^4 + y^4 + 3x^2 y^2$ (2) $z = \sin(x^3 + 3xy + y^3)$

A-6-2 次の各関数の全微分を求めよ．

(1) $z = \cos(2x^3 + 3y^2)$ (2) $z = \dfrac{xy}{x^2 + y^2}$

A - 6 - 3 次の各関数の極値を求めよ．
 (1) $f(x, y) = 2x^2 + 2xy + y^2 - 6x - 4y$
 (2) $f(x, y) = x^2 - xy + y^2 - 9x + 3y$

A - 6 - 4 条件 $g(x, y) = 0$ のもとで，$z = f(x, y)$ が極値をとる x, y の値は，次の連立方程式の解の中にあることを示せ．ただし，分母 $\neq 0$ とする．
$$g(x, y) = 0, \quad \dfrac{f_x}{g_x} = \dfrac{f_y}{g_y}(= \lambda)$$

A - 6 - 5 $x^2 + y^2 - 1 = 0$ のとき，$z = xy$ の極値を求めよ．

B - 6 - 1 $z = f(x, y),\ x = r\cos\theta,\ y = r\sin\theta$ のとき，次の式が成り立つことを示せ．
$$z_{xx} + z_{yy} = z_{rr} + \dfrac{1}{r}z_r + \dfrac{1}{r^2}z_{\theta\theta}$$

B - 6 - 2 次の各関数の極値を求めよ．
 (1) $f(x, y) = (x - 1)^3 + (y - 1)^3 - 3(x - 1)(y - 1)$
 (2) $f(x, y) = xy + \dfrac{1}{x} + \dfrac{1}{y}$

B - 6 - 3 条件 $g(x, y, z) = 0$（ただし，$z = h(x, y)$）のもとで，x, y, z の関数 $w = f(x, y, z)$ の極値は，次の解の中にあることを示せ．
$$g(x, y, z) = 0, \quad \dfrac{f_x}{g_x} = \dfrac{f_y}{g_y} = \dfrac{f_z}{g_z}(= \lambda)\ (\text{分母} \neq 0)$$

B - 6 - 4 $x^2 + y^2 + z^2 - 3 = 0$ のとき，$w = xyz$ の極値を求めよ．

第7章 2変数関数の積分法

 2変数の積分の代表は体積を求めることである．1変数の積分は，例えば，$y = f(x)$ (>0) の $x=0$ から $x=1$ までの面積は，区分求積による定積分，さらに，不定積分により，$G'(x) = f(x)$ なる $G(x)$ を求めて，
$$\lim_{n\to\infty}\left\{\sum_{k=1}^{n} f\left(\frac{k}{n}\right)\cdot\frac{1}{n}\right\} = \int_0^1 f(x)dx = G(1) - G(0)$$
を計算して，求めることができた．

 しかし，2変数の場合は，与えられた2変数の関数の不定積分を求める方法はないので，1変数の場合の累積(るいせき)（1つの変数について積分し，次に他の変数について積分する）ということになる．この考えで，3変数以上も扱うことができるが，この章では，2変数の積分で体積の場合のみを扱う．

 まず，x を固定してその切口の面積を1変数の定積分で求めて，次に，その切口の面積を基にして体積を求めるという方法である．いずれにせよ，1変数の定積分が基本であり，結論として，定積分をルールに従って2度行うことで体積を求めることができる．この方法を理解することが最終目標である．

§1 2 重 積 分

> 区間 $[a, b]$ で定義された連続関数 $y = f(x)$ (> 0) の $x = a$ から b までの面積は $\int_a^b f(x)dx$ であった. ここでは, 閉領域 D で定義された連続関数 $z = f(x, y)$ (> 0) の D 上の立体の体積を $\int_D f(x, y)dxdy$ と表し, これを $f(x, y)$ の D における **2 重積分**という.
>
> この節では, この 2 重積分の求め方を解説する.

2 変数の関数

$$z = f(x, y) \quad (> 0) \qquad ①$$

は閉領域（閉長方形）

$$D = [a, b] \times [c, d] \qquad ②$$
$$= \{(x, y) | a \leqq x \leqq b,\ c \leqq y \leqq d\}$$

上で定義された連続関数とする.

底面 D と, $z = f(x, y)$ でつくられる図 7-1 のような立体の体積 V は

$$V = \int_D f(x, y)dxdy \qquad ③$$

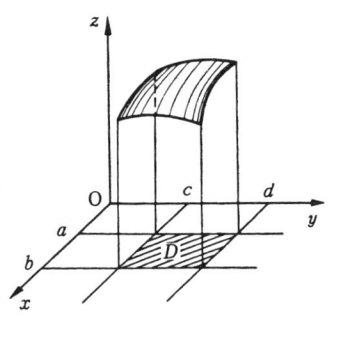

図 7-1

と表し, D における **2 重積分**という. この体積は 1 変数の場合と同様に, まず, $[a, b], [c, d]$ の両区間をそれぞれ次のように n 等分する.

$$a = x_0 < x_1 < \cdots < x_j < \cdots < x_n = b \qquad ④$$
$$c = y_0 < y_1 < \cdots < y_j < \cdots < y_n = d \qquad ⑤$$
$$x_j = a + \frac{j}{n}(b-a), \quad y_j = c + \frac{j}{n}(d-c)$$

このとき, n^2 個の閉長方形

§1 2重積分　　145

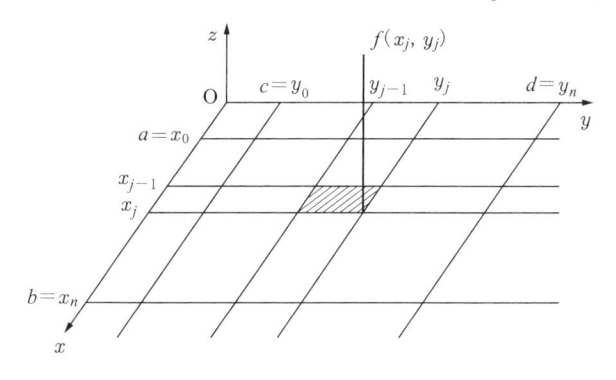

図 7-2

$$D_{jk} = [x_{j-1},\ x_j] \times [y_{k-1},\ y_k] \qquad ⑥$$

ができる．各長方形 D_{jk} に対し，底面 D_{jk}，高さ $f(x_j,\ y_k)$ の直方体の体積

$$f(x_j,\ y_k)(x_j - x_{j-1})(y_k - y_{k-1}) \qquad ⑦$$

を考え，その n^2 個の和

$$\sum_{j,k=1}^{n} f(x_j,\ y_k)(x_j - x_{j-1})(y_k - y_{k-1}) \qquad ⑧$$

をつくる．ここで，分割④，⑤の n を限りなく大きくすると，⑧は③に限りなく近づくから，次の式の左辺の **2重積分**を右辺で定める．

$$\int_D f(x,\ y)dxdy$$
$$= \lim_{n\to\infty} \sum_{j,k=1}^{n} f(x_j,\ y_k)(x_j - x_{j-1})(y_k - y_{k-1}) \qquad ⑨$$

D が長方形でない場合には，D の有限個または無限個の閉長方形 D_k の領域の和として表し，次の式の右辺の級数が収束するとき，それを左辺で表す．

$$\int_D f(x,\ y)dxdy$$
$$= \sum_{k=1}^{\infty} \int_{D_k} f(x,\ y)dxdy \qquad ⑩$$

2重積分は⑨，⑩から，1変数の場合の定積分と同じような性質が成り立つ．

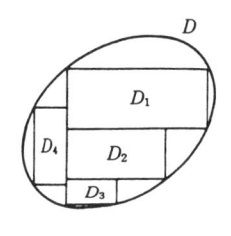

図 7-3

定理 7-1 有界閉領域 D で定義された連続関数 $z = f(x, y)$, $z = g(x, y)$ と定数 k と D の面積 S に対して，次の関係式が成り立つ．

(1) $\displaystyle\int_D kf(x, y)dxdy = k\int_D f(x, y)dxdy$

注意！
f が有界閉領域で有界なら f は有限

(2) $\displaystyle\int_D \{f(x, y) \pm g(x, y)\}dxdy$

$\displaystyle = \int_D f(x, y)dxdy \pm \int_D g(x, y)dxdy$

2 重積分は次の定理 7-2 のように，定積分は累次積分として求められる．

定理 7-2（2 重積分と累次積分） $f(x, y)$ が図 7-4 のように連続関数 $y = g_1(x)$, $y = g_2(x)$ のグラフによって囲まれた有界閉領域 D で連続であるとする．このとき，

$$\int_D f(x, y)dxdy = \int_a^b \left\{\int_{g_1(x)}^{g_2(x)} f(x, y)dy\right\}dx$$

［証明］簡単のために，$f(x, y) > 0$ とする．2 重積分

$$\int_D f(x, y)dxdy$$

は，xy 平面と曲面 $z = f(x, y)$ の間にある底面 D の柱体の体積である．この柱体の $x = x_0$ による切断面の面積 $S(x_0)$ は

$$S(x_0) = \int_{g_1(x_0)}^{g_2(x_0)} f(x_0, y)dy$$

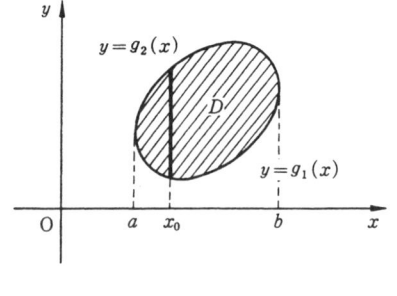

図 7-4

よって，柱体の体積 V は

$$V = \int_a^b S(x)dx$$

$$= \int_a^b \left\{ \int_{g_1(x)}^{g_2(x)} f(x, y)dy \right\} dx$$

これを**累次積分**という　　■

D を図 7-5 のように，連続関数 $x = h_1(y)$ と $x = h_2(y)$ のグラフによって
囲まれているとする．このとき，定理 7-2 と同様に次の関係式を得る．

$$\int_D f(x, y)dxdy = \int_c^d \left\{ \int_{h_1(y)}^{h_2(y)} f(x, y)dx \right\} dy \qquad ⑪$$

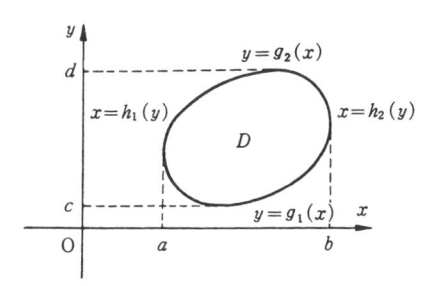

図 7-5

よって，前式⑪と定理 7-2 から，図 7-5 のような場合に，

$$\int_a^b \left\{ \int_{g_1(x)}^{g_2(x)} f(x, y)dy \right\} dx$$

$$= \int_c^d \left\{ \int_{h_1(y)}^{h_2(y)} f(x, y)dx \right\} dy \qquad ⑫$$

この⑫式を**累次積分の順序の変更**という．また，累次積分は次のようにも表す．

$$\int_a^b \left\{ \int_{g_1(x)}^{g_2(x)} f(x, y)dy \right\} dx = \int_a^b dx \int_{g_1(x)}^{g_2(x)} f(x, y)dy$$

$$⑬$$

■**例 1**（計算）　次の累次積分の順序を変更せよ．

(1) $\displaystyle\int_0^1 dx \int_{x^2}^x f(x, y)dy$

(2) $\displaystyle\int_0^1 dx \int_0^{\sqrt{1-x^2}} f(x, y)dy$

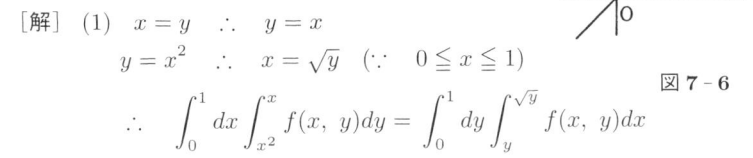

［解］(1) $x = y$ ∴ $y = x$
　　　　　$y = x^2$ ∴ $x = \sqrt{y}$ （∵ $0 \leqq x \leqq 1$）

∴ $\displaystyle\int_0^1 dx \int_{x^2}^x f(x, y)dy = \int_0^1 dy \int_y^{\sqrt{y}} f(x, y)dx$

図 7-6

(2) $y = \sqrt{1-x^2}$ $(x \geqq 0, y \geqq 0)$

$\therefore \quad x = \sqrt{1-y^2}$

$\therefore \quad \int_0^1 dx \int_0^{\sqrt{1-x^2}} f(x, y) dy$

$= \int_0^1 dy \int_0^{\sqrt{1-y^2}} f(x, y) dy$ ■

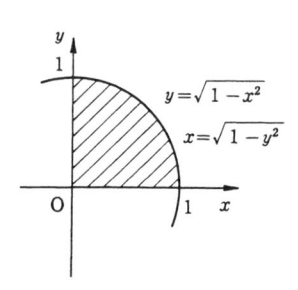

図 7 - 7

■ 例 2（計算） 累次積分 $\int_0^2 dx \int_0^{x^2} xy dy$ の値を求めよ．

[解] $\int_0^2 dx \int_0^{x^2} xy dy = \int_0^2 \left[x \cdot \frac{y^2}{2} \right]_0^{x^2} dx = \int_0^2 \frac{x^5}{2} dx$

$= \left[\frac{1}{2} \cdot \frac{x^6}{6} \right]_0^2 = \frac{1}{12} \cdot (2^6 - 0) = \frac{16}{3}$ ■

〈極座標による 2 重積分〉

2 重積分を考える領域 D が，極座標 (r, θ) で表されているとき，すなわち，$r > 0$ に対して，

$$\begin{cases} x = r\cos\theta \\ y = r\sin\theta \end{cases} \quad ⑭$$

図 7 - 9 に見られるように，$\Delta x, \Delta y, \Delta \theta, \Delta r$ がそれぞれに十分小さいとき，

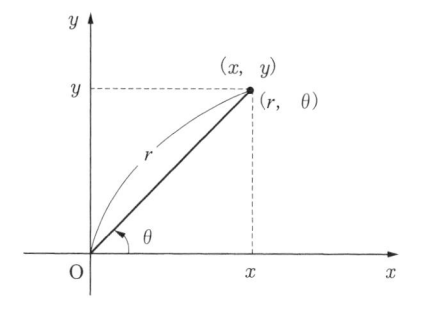

図 7 - 8

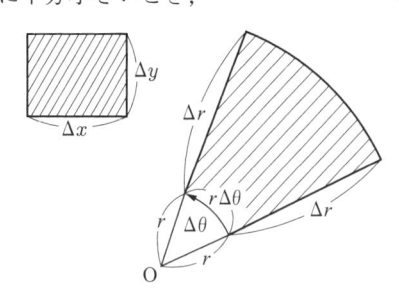

図 7 - 9

$$\Delta x \Delta y \doteqdot r \Delta r \Delta \theta$$

と考えられる．このとき，さらに，$\Delta x \to dx, \Delta y \to dy, \Delta r \to dr, \Delta \theta \to d\theta$ にとると，

$$dxdy = rdrd\theta \qquad ⑮$$

となる．積分領域 D を座標が変わっても同じ記号を使うことにすると，

$$\int_D f(x,\ y)dxdy = \int_D f(r\cos\theta,\ r\sin\theta)rdrd\theta \qquad ⑯$$

ここで，$x^2 + y^2 = r^2$ である．

■ **例3**（計算） 半径 a の円の領域を D とし，この円の面積 S を求めよ．

［解］ $x = r\cos\theta, y = r\sin\theta$ とする．このとき，$dxdy = rdrd\theta$ で，$0 \leqq r \leqq a, 0 \leqq \theta \leqq 2\pi$ である．

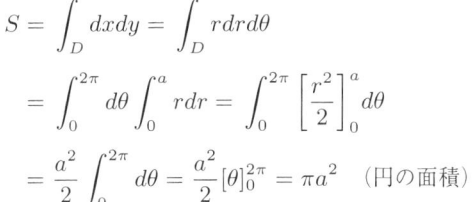

$$\begin{aligned}
S &= \int_D dxdy = \int_D rdrd\theta \\
&= \int_0^{2\pi} d\theta \int_0^a rdr = \int_0^{2\pi} \left[\frac{r^2}{2}\right]_0^a d\theta \\
&= \frac{a^2}{2}\int_0^{2\pi} d\theta = \frac{a^2}{2}[\theta]_0^{2\pi} = \pi a^2 \quad \text{（円の面積）}
\end{aligned}$$

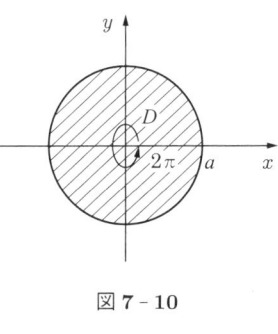

図7-10

■ **例4**（計算） 2重積分 $\displaystyle\int_D \frac{1}{\sqrt{1-x^2-y^2}}dxdy$ （$D: x^2 + y^2 \leqq 1$）の値を求めよ．

［解］ $x = r\cos\theta, y = r\sin\theta$ とすると，$0 \leqq r \leqq 1, 0 \leqq \theta \leqq 2\pi$．

$$\begin{aligned}
\therefore \text{与式} &= \int_D \frac{1}{\sqrt{1-r^2}}rdrd\theta = \int_0^{2\pi} d\theta \int_0^1 \frac{1}{\sqrt{1-r^2}}rdr \\
&= \int_0^{2\pi}\left[-\sqrt{1-r^2}\right]_0^1 d\theta = \int_0^{2\pi} d\theta = 2\pi
\end{aligned}$$

練習問題 7-1

A-1 次の各累次積分の順序を変更せよ．

(1) $\displaystyle\int_0^1 dx\int_0^{\sqrt{x}} f(x,y)dy$ 　　(2) $\displaystyle\int_0^1 dx\int_0^{1-x} f(x,y)dy$

A-2 次の各積分の値を求めよ．

(1) $\displaystyle\int_a^b dx\int_c^d x^2 y\,dy$ 　　(2) $\displaystyle\int_0^1 dx\int_0^x xy^2\,dy$

(3) $\displaystyle\int_D xy^2\,dxdy \quad D:\begin{cases} 0\leqq x\leqq 1 \\ 0\leqq y\leqq 2 \end{cases}$ 　　(4) $\displaystyle\int_D xy\,dxdy \quad D:\begin{cases} 0\leqq x\leqq 1 \\ x\leqq y\leqq \sqrt{x} \end{cases}$

B-1 次の各累次積分の順序を変更せよ．

(1) $\displaystyle\int_0^1 dx\int_0^{2x} f(x,y)dy$ 　　(2) $\displaystyle\int_0^1 dx\int_{x^2}^{2-x} f(x,y)dy$

(3) $\displaystyle\int_0^1 dy\int_{y^2}^{\sqrt{y}} f(x,y)dx$

B-2 次の各積分の値を求めよ．

(1) $\displaystyle\int_D xy^2\,dxdy \quad D: 0\leqq y\leqq x\leqq 1$

(2) $\displaystyle\int_D (\log x - \log y)dxdy \quad D: 1\leqq y\leqq x\leqq 2$

§2　2重積分の応用

◇◇◇◇◇◇◇◇◇◇◇◇◇◇◇◇◇◇◇◇◇◇◇◇◇◇◇◇◇◇◇◇◇◇

> 　統計学で主役を演じている関数 e^{-x^2} は，不定積分はできないが，定積分は可能で，それも2重積分でないと求めることはできない．こんな2重積分の恩恵を含めて，この積分から解説をする．

　まず，$f(x)=e^{-x^2}$ とおき，$y=f(x)$ のグラフを考えてみよう．$f(-x)=f(x)$ からグラフは y 軸対称 $f'(x)=e^{-x^2}\cdot(-2x)$ から，

　$x<0$ では $f'(x)>0$ で $f(x)$ は増加

§2 2重積分の応用

$x>0$ では $f'(x)<0$ で $f(x)$ は減少

$$f''(x) = e^{-x^2} \cdot (-2x)^2 - 2e^{-x^2} = 2e^{-x^2}(2x^2-1)$$

であるから,$x<-\dfrac{1}{\sqrt{2}}$ のときと $x>\dfrac{1}{\sqrt{2}}$ ときは $f''(x)>0$,$-\dfrac{1}{\sqrt{2}}<x<\dfrac{1}{\sqrt{2}}$ のときは,$f''(x)<0$ であるから,$y=e^{-x^2}$ のグラフは図 7-11 のようになる.

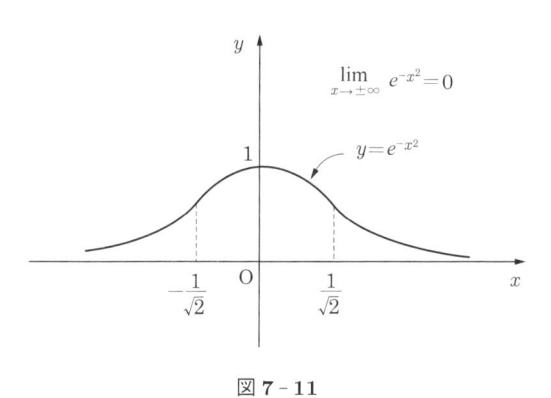

図 7-11

定理 7-3 $\displaystyle\int_0^\infty e^{-x^2}dx = \dfrac{\sqrt{\pi}}{2}$

[証明] $I_R = \displaystyle\int_0^R e^{-x^2}dx$ とおく.

$$I_R{}^2 = \left(\int_0^R e^{-x^2}dx\right)\left(\int_0^R e^{-y^2}dy\right)$$

$$= \int_0^R dx \int_0^R e^{-x^2}\cdot e^{-y^2} dy$$

$$= \int_{S_R} e^{-(x^2+y^2)}dxdy \quad \left(S_R : \begin{cases} 0\leqq x \leqq R \\ 0\leqq y \leqq R \end{cases}\right)$$

図 7-12

$e^{-(x^2+y^2)}>0$ であるから,図 7-12 によって,

$$\int_{D_R} e^{-(x^2+y^2)}dxdy < I_R{}^2 < \int_{D_{\sqrt{2}R}} e^{-(x^2+y^2)}dxdy$$

$x = r\cos\theta$,$y = r\sin\theta$ とおくと,$dxdy = rdrd\theta$ から

$$\int_{D_R} e^{-(x^2+y^2)}dxdy = \int_0^{\pi/2} d\theta \int_0^R e^{-r^2} rdr = \int_0^{\pi/2} \left[-\frac{1}{2}e^{-r^2}\right]_0^R d\theta$$

$$= \frac{\pi}{4}(1-e^{-R^2}) \to \frac{\pi}{4} \ (R \to \infty)$$

同様に, $\int_{D_{\sqrt{2}R}} e^{-(x^2+y^2)}dxdy = \frac{\pi}{4}(1-e^{-2R^2}) \to \frac{\pi}{4} \ (R \to \infty)$

$$\therefore \ I_\infty^2 = \frac{\pi}{4} \quad \therefore \ I_\infty = \int_0^\infty e^{-x^2}dx = \frac{\sqrt{\pi}}{2} \qquad \blacksquare$$

■ **例1（計算）** 定積分 $\int_{-\infty}^\infty \frac{1}{\sqrt{2\pi}} e^{-\frac{(x-\mu)^2}{2}} dx = 1$ を示せ.

[解] $\sqrt{2}t = x - \mu$ とおくと, $\sqrt{2}dt = dx$, $x = \pm\infty \iff t = \pm\infty$ (複号同順)

$$\therefore \ 左式 = \int_{-\infty}^\infty \frac{1}{\sqrt{\pi}} e^{-t^2} dt = \frac{2}{\sqrt{\pi}} \int_0^\infty e^{-t^2} dt = \frac{2}{\sqrt{\pi}} \cdot \frac{\sqrt{\pi}}{2} = 1 = 左辺$$

$\blacksquare$

〈曲面の面積〉

2重積分の次の応用として，曲面の面積について解説する．

6章§1 の⑪で学んだように，$w = F(x, y, z)$ の全微分は，

$$dw = F_x dx + F_y dy + F_z dz$$

であるから，曲面 $F(x, y, z) = 0$ の全微分は

$$F_x dx + F_y dy + F_z dz = 0 \quad ①$$

また，$F = 0$ 上でのベクトル (dx, dy, dz) はこの曲面 $F = 0$ に接している接ベクトルである．

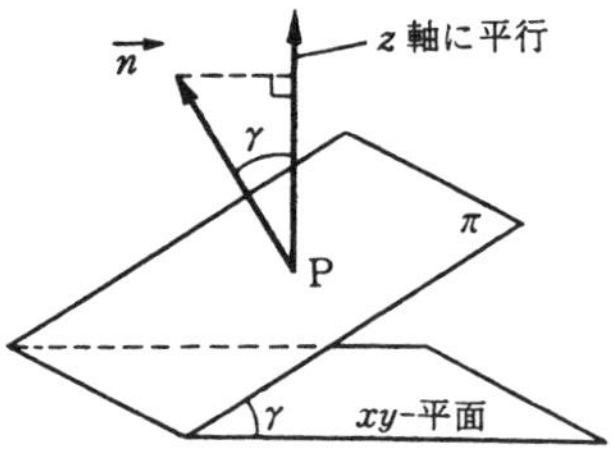

図 7-13

一般に，ベクトル $\vec{a} = (a_1, a_2, a_3)$ と $\vec{b} = (b_1, b_2, b_3)$ の内積は, 定義から，$(\vec{a}, \vec{b}) = a_1 b_1 + a_2 b_2 + a_3 b_3$ であり，垂直条件は

$$\vec{a} \perp \vec{b} \iff a_1 b_1 + a_2 b_2 + a_3 b_3 = 0 \qquad ②$$

となる．このことから，$\vec{n} = (F_x, F_y, F_z)$ は②式によって，曲面 $F = 0$ 上の点 (x, y, z) での法線ベクトルとなる．

このとき，$F = 0$ 上の点 P での接平面 π と xy 平面とのなす角を γ とすると，z 軸に平行なベクトルを $(0, 0, 1)$ にするとき，内積の定義から，

$$\cos \gamma = \frac{F_z}{\sqrt{F_x^2 + F_y^2 + F_z^2}} \quad ③$$

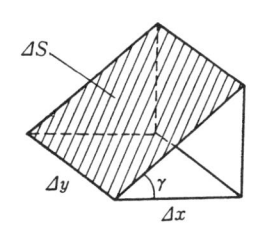

図 7-14

特に，xy 平面上の D での曲面 S が

$$S : z - f(x, y) = 0 \quad ④$$

で与えられるときは，

$$\cos \gamma = \frac{1}{\sqrt{f_x^2 + f_y^2 + 1}}$$

となる．

よって，図 7-14 のような微小部分で，横 Δx，たて Δy の長方形の上の面積 ΔS は

$$\Delta x \Delta y = \Delta S \cos \gamma \quad ⑤$$

$$\therefore \quad \Delta S = \sqrt{f_x^2 + f_y^2 + 1} \Delta x \Delta y \quad ⑥$$

よって，D 上の曲面 $z = f(x, y)$ の面積（これを**曲面積**という）S は，

$$S = \int_D \sqrt{f_x^2 + f_y^2 + 1} \, dx dy$$

以上まとめると，

定理 7-4 閉領域 D の上にある曲面 $z = f(x, y)$ の曲面積 S は

$$S = \int_D \sqrt{f_x^2 + f_y^2 + 1} \, dx dy$$

■ **例2**（計算） 2つの直円柱 $x^2 + y^2 = 1$, $x^2 + z^2 = 1$ のかこむ立体の表面積を求めよ.

［解］ $D : x^2 + y^2 = 1$, $x \geqq 0$, $y \geqq 0$ とする. D 上の曲面 $z = \sqrt{1-x^2}$ の曲面積は, 求める曲面は上面と側面があることから, 全体の 1/16 である. よって, 求める面積を S とすると,

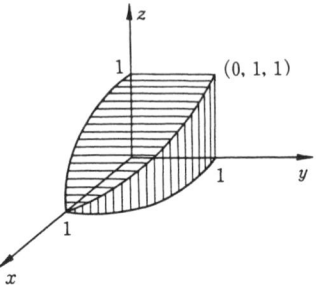

$$S = 16 \int_D \sqrt{z_x{}^2 + z_y{}^2 + 1}\, dxdy$$

$$= 16 \int_0^1 dx \int_0^{\sqrt{1-x^2}} \sqrt{\left(\frac{-x}{\sqrt{1-x^2}}\right)^2 + 1}\, dy$$

$$= 16 \int_0^1 \left[\frac{1}{\sqrt{1-x^2}} \cdot y\right]_0^{\sqrt{1-x^2}} dx = 16 \int_0^1 dx = 16 \qquad \blacksquare$$

図 7-15

定理 7-3 の $z = f(x, y)$ で定義される曲面の曲面積の求め方から, **回転体の表面積**の求め方の公式を導いておこう.

定理 7-5 曲線 $y = f(x)$ $(a \leqq x \leqq b)$ を x 軸のまわりに回転してできる回転体の表面積は

$$2\pi \int_a^b f(x) \sqrt{1 + \{f'(x)\}^2}\, dx$$

［証明］ 回転面を

$$y^2 + z^2 = \{f(x)\}^2 \quad (f(x) > 0)$$

とする. このとき, 閉領域 D を $a \leqq x \leqq b$, $0 \leqq y \leqq f(x)$ とすると, $z \geqq 0$. D 上の曲面の曲面積が求める表面積であることに注意をしておく. よって,

$$z = \sqrt{\{f(x)\}^2 - y^2}$$

$$\therefore \quad z_x = \frac{f(x)f'(x)}{\sqrt{\{f(x)\}^2 - y^2}}, \quad z_y = \frac{-y}{\sqrt{\{f(x)\}^2 - y^2}}$$

よって，求める表面積は

$$4\int_D \sqrt{z_x{}^2 + z_y{}^2 + 1}\,dxdy$$

$$= 4\int_a^b dx \int_0^{f(x)} f(x)\sqrt{1+\{f'(x)\}^2}\; \frac{1}{\sqrt{\{f(x)\}^2 - y^2}}dy$$

$$= 4\int_a^b f(x)\sqrt{1+\{f'(x)\}^2}\left[\sin^{-1}\frac{y}{f(x)}\right]_0^{f(x)} dx$$

$$= 2\pi \int_a^b f(x)\sqrt{1+\{f'(x)\}^2}\,dx \qquad \blacksquare$$

コラム
$$z_y{}^2 + 1 = \frac{\{f(x)\}^2}{\{f(x)\}^2 - y^2}$$

■ **例 3**（計算） 半径 a の球の表面積 S を求めよ．

[解] xy 平面上での中心が原点で，半径 a (> 0) の円の方程式は
$$x^2 + y^2 = a^2$$
$y \geqq 0$ のとき，$y = \sqrt{a^2 - x^2}$

$$\therefore\quad y' = \frac{-x}{\sqrt{a^2 - x^2}} \quad \therefore\quad \sqrt{1 + (y')^2} = \frac{a}{\sqrt{a^2 - x^2}}$$

$$\therefore\quad S = 2\pi \int_{-a}^{a} \sqrt{a^2 - x^2} \cdot \frac{a}{\sqrt{a^2 - x^2}}\,dx = 2\pi a \int_{-a}^{a} dx = 4\pi a^2$$

$$\therefore\quad S = 4\pi a^2 \qquad \blacksquare$$

〈極座標の場合の曲面積〉

$z = f(x,\,y)$ について，$x = r\cos\theta,\ y = r\sin\theta$ と曲座標変換すると，偏微分の公式（6 章 §1 の⑱, ⑲）によって，

$$z_r = \frac{\partial z}{\partial r} = \frac{\partial z}{\partial x}\frac{\partial x}{\partial r} + \frac{\partial z}{\partial y}\frac{\partial y}{\partial r} = z_x \cos\theta + z_y \sin\theta$$

$$z_\theta = \frac{\partial z}{\partial \theta} = \frac{\partial z}{\partial x}\frac{\partial x}{\partial \theta} + \frac{\partial z}{\partial y}\frac{\partial y}{\partial \theta} = z_x r(-\sin\theta) + z_y r\cos\theta$$

$$\therefore\quad (z_r)^2 + \left(\frac{1}{r}z_\theta\right)^2 = z_x{}^2 + z_y{}^2$$

また，$dxdy = rdrd\theta$ である．さらに，変数が (x, y) から (r, θ) に変わっても領域は同じ記号 D を使うことにすると

$$\int_D \sqrt{z_x{}^2 + z_y{}^2 + 1}\, dxdy = \int_D \sqrt{z_r{}^2 + \left(\frac{1}{r}z_\theta\right)^2 + 1}\, rdrd\theta$$

以上をまとめると，

定理 7-6 閉領域 D の極座標 $x = r\cos\theta$, $y = r\sin\theta$ で表される領域も同じ D で表すことにする．このとき，D 上での曲面
$$z = f(x, y) = f(r\cos\theta, r\sin\theta)$$
の曲面積は次で与えられる．
$$\int_D \sqrt{z_x{}^2 + z_y{}^2 + 1}\, dxdy = \int_D \sqrt{z_r{}^2 + \left(\frac{1}{r}z_\theta\right)^2 + 1}\, rdrd\theta$$

■ **例 4**（計算） 円柱 $x^2 + y^2 = ax$ $(a > 0)$ が球面 $x^2 + y^2 + z^2 = a^2$ から切り取る部分の曲面積を求めよ．

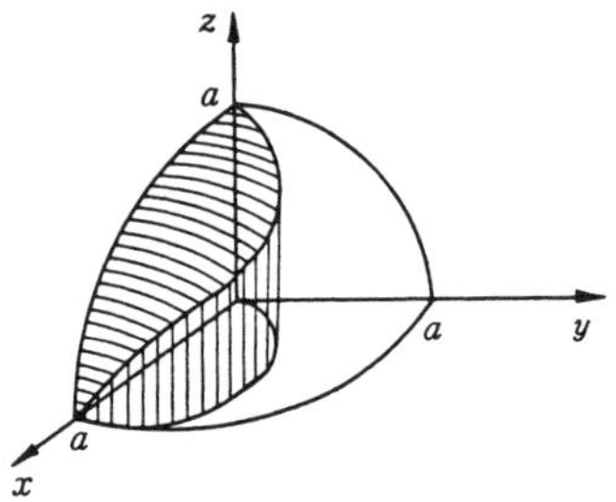

［解］ $D : x^2 + y^2 \leqq ax$, $y \geqq 0$ とする．そして，極座標 $x = r\cos\theta$, $y = r\sin\theta$ によっても同じ D を用いることにする．

$$x^2 + y^2 = r^2 \text{ から}, r \leqq a\cos\theta$$

よって，D は，$r \leqq a\cos\theta$, $0 \leqq \theta \leqq \pi/2$ となる．$z \geqq 0$ のとき，D の上の曲面積は，求める面積 S の $1/4$ である．

図 7-16

$z = (a^2 - r^2)^{1/2}$ から，$z_r = -r(a^2 - r^2)^{-1/2}$, $z_\theta = 0$, よって

$$S = 4\int_D \sqrt{\{-r(a^2 - r^2)^{-1/2}\}^2 + 1}\, rdrd\theta$$

$$= 4a\int_0^{\pi/2} d\theta \int_0^{a\cos\theta} \frac{r}{\sqrt{a^2 - r^2}}\, dr$$

$$= 4a \int_0^{\pi/2} [-\sqrt{a^2 - r^2}]_a^{a\cos\theta} d\theta$$

$$= 4a^2 \int_0^{\pi/2} (1 - \sin\theta) d\theta = 2a^2(\pi - 2) \qquad \blacksquare$$

■ **例 5（計算）** $z = \sqrt{x^2 + y^2}$ の平面 $\sqrt{2}z = x + 2$ より下の部分の表面積 S を求めよ．

［解］ $z = \sqrt{x^2 + y^2}$ と $\sqrt{2}z = x + 2$ の交線（z が等しいところ）の xy 平面への射影は $\sqrt{2}\sqrt{x^2 + y^2} = x + 2$ $\therefore$ $2(x^2 + y^2) = (x + 2)^2$ $\therefore$ $\dfrac{(x-2)^2}{8} + \dfrac{y^2}{4} = 1$, よって，境界を含めて D は，$D: \dfrac{(x-2)^2}{8} + \dfrac{y^2}{4} \leqq 1$

$$z = \sqrt{x^2 + y^2} \text{ から，} z_x = \frac{x}{\sqrt{x^2+y^2}},\ z_y = \frac{y}{\sqrt{x^2+y^2}}$$

$$\therefore\ S = \int_D \sqrt{z_x{}^2 + z_y{}^2 + 1}\, dxdy = \sqrt{2} \int_D dxdy$$

ここで，$2\sqrt{2}u = x - 2,\ 2v = y$ とおくと，$D \to u^2 + v^2 \leqq 1$，$dx = 2\sqrt{2}du,\ dy = 2dv$ から，

$$S = \sqrt{2} \int_{u^2+v^2 \leqq 1} 4\sqrt{2}\,dudv = 8 \int_{u^2+v^2 \leqq 1} dudv = 8\pi$$

$$(\because\ \text{半径 } 1 \text{ の円の面積}) \qquad \blacksquare$$

練習問題 7-2

A-1 次の各定積分の値を求めよ．

(1) $\displaystyle\int_0^\infty xe^{-x^2} dx$ 　　　　(2) $\displaystyle\int_0^\infty xe^{-x^4} dx$

A-2 曲線 $y = 2\sqrt{x}$ （$0 \leqq x \leqq 3$）を x 軸のまわりに回転してできる曲面の表面積を求めよ．

A-3 円すい面 $2z = \sqrt{x^2 + y^2}$ の $z = 0$ から $z = 1$ までの部分の曲面の曲面積を求めよ．

B-1 次の各定積分の値を求めよ．

(1) $\displaystyle\int_0^\infty x^2 e^{-x^2/2} dx$ (2) $\displaystyle\frac{1}{\sqrt{2\pi}\sigma}\int_{-\infty}^\infty e^{-\frac{(x-u)^2}{2\sigma^2}} dx$

B-2 放物面 $z = x^2 + y^2$ と平面 $z = 2x + 2y$ によって囲まれる立体の体積を求めよ．

B-3 $y = a - \sqrt{a^2 - x^2}$ $(0 \leqq x \leqq a)$ を x 軸のまわりに回転してできる曲面の曲面積を求めよ．

B-4 双曲放物面 $z = xy$ が，円柱面 $x^2 + y^2 = a^2$ $(a > 0)$ によって切り取られる部分の曲面積を求めよ．

第 7 章の演習問題

A-7-1 次の各累次積分の順序を変更せよ．

(1) $\displaystyle\int_1^2 dx \int_1^{x^2} f(x, y) dy$ (2) $\displaystyle\int_{-a}^a dx \int_0^{\sqrt{a^2-x^2}} f(x, y) dy$

(3) $\displaystyle\int_0^2 dy \int_0^{y^2} f(x, y) dx$ (4) $\displaystyle\int_0^1 dy \int_{2\sqrt{y}}^2 f(x, y) dx$

A-7-2 次の各 2 重積分の値を求めよ．

(1) $\displaystyle\int_D xy\, dxdy \quad D : 0 \leqq x \leqq 1,\ 0 \leqq y \leqq 2$

(2) $\displaystyle\int_D \sin(x + 2y)\, dxdy \quad D : 0 \leqq x \leqq \frac{\pi}{2},\ 0 \leqq y \leqq \frac{\pi}{2}$

A-7-3 次の等式を証明せよ．

$$\int_D f(x, y) dxdy = ab \int_B f(ax, by) dxdy \quad (a, b > 0)$$

$$D : \frac{x^2}{a^2} + \frac{y^2}{b^2} \leqq 1,\ B : x^2 + y^2 \leqq 1$$

B-7-1 次の 2 重積分の値を求めよ．

$$\int_D (ax^2 + by^2) dxdy \quad D : x^2 + y^2 \leqq k^2 \quad (k > 0)$$

B-7-2 次の各曲線を x 軸のまわりに回転してできる曲面の表面積を求めよ．

(1)　$y = \dfrac{1}{2}(e^x + e^{-x})$　$(0 \leqq x \leqq 2)$　　(2)　$r = a(1 + \cos\theta)$

B-7-3　$z = \tan^{-1} \dfrac{y}{x}$　$(x,\ y > 0)$ の円柱 $x^2 + y^2 = a^2$　$(a > 0)$ の内部にある部分の表面積を求めよ．

第8章 微分方程式

2章で学んだ,「瞬間の速さ」と導関数を思い出そう.物体が落下する時の法則は,距離を s, 時間を t とすると $s = 4.9t^2$ で表され,これを微分して求められる導関数は $s'(t) = 9.8t$ となり,これから落下後3秒後の速度は $t = 3$ として $9.8 \times 3\,(\mathrm{m/s})$ となる.

この導関数 s' を含んだ式は,微分方程式と呼ばれこの式から $s = 4.9t^2$ を求めることを微分方程式を解くという.このように,物体が落下する速度を観測し微分方程式が立てられればこれを解くことにより,落下の法則を得ることができる.微分方程式を求め,解を求めることは自然科学の探求の基本となっている.

この章では,変数を x, 関数を y としよう.微分方程式は1次導関数 $y'(x)$ だけでなく,2次導関数 $y''(x), \cdots$, n 次導関数 $y^{(n)}(x)$ を含んでいる場合もあるので,一般的には $F(x, y, y', \cdots, y^{(n)}) = 0$ と表される.

この関係式をみたす関数 y を求めることを微分方程式を解くといい,この式は $y^{(n)}$ まで含んでいて変数は "x" 1つなので n 階常微分方程式と呼ぶ.この章では2階までの常微分方程式を扱うことにする.

§1　1階微分方程式

> $y' = 2x - 1$ とか $x + yy' = 0$ のように導関数 y' を含む方程式を**微分方程式**という．これらはまとめると，x, y, y' からできている方程式であるから，一般的には，$F(x, y, y') = 0$ と書く．これは，y' だけを含んでいるから，**1階微分方程式**といわれる．まず，これから始めよう．

■ **例1**　曲線 $f(x, y) = 0$ の点 (x, y) における接線の傾きが $-x/y$ であるときの x と y の関係式を求めよ．

[解]　(x, y) における接線の傾きは $y' = dy/dx$ であるから，1階微分方程式は

$$y' = -\frac{x}{y} \quad \therefore \quad \frac{dy}{dx} = -\frac{x}{y} \quad \therefore \quad ydy = -xdx \qquad ①$$

この両辺を 2 倍して，積分すると，

$$\int 2ydy = -\int 2xdx$$
$$\therefore \quad y^2 = -x^2 + C \quad （C は微分定数；任意の定数）$$
$$\therefore \quad x^2 + y^2 = C$$

よって，点 (x, y) における接線の傾きが $-x/y$ であるような曲線 $f(x, y) = 0$ は，中心が原点である円の集合である． ∎

この例から，$F(x, y, y') = 0$，すなわち $y' = -x/y$ から，解曲線 $f(x, y, C) = 0$，すなわち，$x^2 + y^2 = C$（C は任意な定数）が得られたことになる．

この節では，1階微分方程式について解説していくが，ここで，

$$y' = \frac{dy}{dx} \iff dy = y'dx \qquad ②$$

のような変形をするが，dx と dy は無限小の数のように扱うので，分母にはならないように注意をする．

I 変数分離形

> x だけの関数 $P(x)$ と y だけの関数 $Q(y)$ について
> $$y' = P(x)Q(y) \quad (Q(y) \neq 0) \qquad ③$$
> の形の微分方程式を**変数分離形**という.

$y' = \dfrac{dy}{dx}$ であり，$Q(y) \neq 0$ から，$\dfrac{1}{Q(y)}dy = P(x)dx$ となる．この両辺を積分して，$\displaystyle\int \dfrac{1}{Q(y)}dy = \int P(x)dx + C$ （C は積分定数である）

■ **例2**（計算） 次の各微分方程式を解け.

(1) $3y^2 y' - 2x = 0$ (2) $y' \tan x - y = 0$

[解] (1) $3y^2 dy = 2x dx$ ∴ $\displaystyle\int 3y^2 dy = \int 2x dx$ ∴ $y^3 = x^2 + C$

(2) $\dfrac{1}{y}dy = \dfrac{\cos x}{\sin x}dx$ ∴ $\displaystyle\int \dfrac{1}{y}dy = \int \dfrac{\cos x}{\sin x}dx$

∴ $\log|y| = \log|\sin x| + A$ （A：任意定数）

∴ $|y| = e^A |\sin x|$ ∴ $y = \pm e^A \sin x$

ここで，$C = \pm e^A$ とおくと，$y = C \sin x$ ∎

II 同次形

> w だけの関数 $f(w)$ について，
> $$y' = f\left(\dfrac{y}{x}\right) \qquad ④$$
> の形の微分方程式を**同次形**という.

このとき，$u = \dfrac{y}{x}$ とおくと，

$$y = xu \quad \therefore \quad \frac{dy}{dx} = u + x\frac{du}{dx} \qquad ⑤$$

よって，④式と⑤式から

$$u + x\frac{du}{dx} = f(u) \quad \therefore \quad \frac{1}{f(u)-u}du = \frac{1}{x}dx \qquad ⑥$$

この⑥式は，$u = y/x$ とおくと，変数分離形に変換できることを示している．

■ **例 3**（計算） 次の各微分方程式を解け．

(1) $xy' + x + y = 0$ （2） $xy' - y + x\tan\dfrac{y}{x} = 0$

[解] （1） $y' + 1 + \dfrac{y}{x} = 0$　$u = \dfrac{y}{x}$ とおくと，$y' = u + xu'$

$\therefore \quad u + xu' + 1 + u = 0 \quad \therefore \quad \displaystyle\int \frac{1}{2u+1}du = -\int \frac{1}{x}dx$

$\therefore \quad \dfrac{1}{2}\log|2u+1| = -\log|x| + A \quad \therefore \quad \log|(2u+1)x^2| = 2A$

$\therefore \quad (2u+1)x^2 = \pm e^{2A} \quad C = \pm e^{2A}$ とおくと, $2xy + x^2 = C$

(2) $y' - \dfrac{y}{x} + \tan\dfrac{y}{x} = 0$, $u = \dfrac{y}{x}$ とおくと，$y' = u + xu'$

$\therefore \quad u + xu' - u + \tan u = 0 \quad \therefore \quad \displaystyle\int \frac{\cos u}{\sin u}du = -\int \frac{1}{x}dx$

$\therefore \quad \log|\sin u| = -\log|x| + A \quad \therefore \quad x\sin u = \pm e^A$

ここで，$C = \pm e^A$ とおくと，$x\sin\dfrac{y}{x} = C$　■

III　1階線形

> $P(x), Q(x)$ はともに x だけの関数とする．
> $$\frac{dy}{dx} + P(x)y = Q(x) \qquad ⑦$$
> の形の微分方程式を **1 階線形** という．
> （微分方程式はまず形を判別するのが基本である．）

⑦式の両辺に $e^{\int Pdx}$ をかけると，

$$e^{\int Pdx}\frac{dy}{dx} + Pe^{\int Pdx}y = e^{\int Pdx}Q \qquad ⑧$$

このとき，

$$\{e^{\int Pdx}y\}' = e^{\int Pdx}y' + e^{\int Pdx}Py = ⑧\text{式の左辺} \qquad ⑨$$

よって，⑧と⑨から

$$\{e^{\int Pdx}y\}' = e^{\int Pdx}Q \qquad ⑩$$

⑩式の両辺を積分すると，

$$e^{\int Pdx}y = \int e^{\int Pdx}Qdx + C \qquad ⑪$$

$$\therefore\ \boldsymbol{y = e^{-\int Pdx}\left(\int e^{\int Pdx}Qdx + C\right)} \qquad ⑫$$

■ 例4（計算） 次の各微分方程式を解け.

(1) $y' + y = x$ (2) $xy' - y = 3x^4 \quad (x > 0)$

[解] (1) $P = 1,\ Q = x,\ \int Pdx = \int dx = x$

$$\therefore\ \int e^{\int Pdx}Qdx = \int e^x x\,dx = e^x x - \int e^x dx = e^x(x-1)$$

$$\therefore\ y = e^{-x}\{e^x(x-1) + C\}. \quad \therefore\ y = x - 1 + Ce^{-x}$$

(2) 変形して，$y' - \dfrac{1}{x}y = 3x^3$

よって，$P = -\dfrac{1}{x},\ Q = 3x^3,\ \int Pdx = -\int \dfrac{1}{x}dx = -\log x$

$$\therefore\ y = e^{\log x}\left(\int 3x^3 e^{-\log x}dx + C\right)$$

$$\therefore\ y = x\left(\int 3x^3 \cdot \dfrac{1}{x}dx + C\right)$$

$$\therefore\ y = x(x^3 + C) \quad \therefore\ y = x^4 + Cx$$

■ **例 5**（計算） 次の各微分方程式を解け．

(1) $2yy' + y^2 = x$ 　　　　　(2) $xy'\cos y - \sin y = 3x^4$ 　$(x > 0)$

［解］ (1) $t = y^2$ とおく．$t' = 2yy'$
よって，与式は，$t' + t = x$ となり，前問の (1) から
$$t = (x-1) + Cx^{-x} \quad \therefore \quad y^2 = x - 1 + Ce^{-x}$$

(2) $t = \sin y$ とおく．$t' = (\cos y)y'$
よって，与式は，$xt' - t = 3x^4$ となり，前問の (2) から
$$t = x^4 + Cx \quad \therefore \quad \sin y = x^4 + Cx \quad \blacksquare$$

練習問題 8 - 1

A - 1 次の各微分方程式を解け．
(1) $(x+1)y' + y = 0$ 　　　　(2) $x^2 y' + y^3 = 0$
(3) $xy' - y + 1 = 0$ 　　　　(4) $y(x^2+1)y' + x(y^2+3) = 0$

A - 2 次の各微分方程式を解け．
(1) $xy' + y = 0$ 　　　　　(2) $xy' - y + x = 0$
(3) $x^2 y' - xy + y^2 = 0$ 　　(4) $x^2 y' + xy - y^2 = 0$

A - 3 次の各微分方程式を求めよ．
(1) $xy' + y = 1$ 　　　　　(2) $xy' + y = 3x^2$
(3) $xy' + y = \cos x$ 　　　　(4) $xy' + y = \sin x$

B - 1 次の各微分方程式を求めよ．ここで，$x > 0$, $y > 0$ とする．
(1) $xy' - y + \sqrt{x^2 + y^2} = 0$ 　(2) $xy^2 y' - y^3 + x^3 = 0$
(3) $(3x^2 y + y^3)y' + x^3 + 3xy^2 = 0$
(4) $(2x^3 y + y^4)y' + x^4 + 3x^2 y^2 = 0$

B - 2 次の各微分方程式を求めよ．
(1) $xy' + y = x^3$ 　　　　　(2) $xy' \cos y + \sin y = x^2$
(3) $y' + 2y = e^x$ 　　　　　(4) $2yy' + 2y^2 = e^x$
(5) $y' \sin x + y \cos x = 1$ 　　(6) $\sin x (\cos y) y' + \cos x \sin y = 1$

§2 2階線形微分方程式

> 定数 a, b と x だけの関数 $R(x)$ に対して,
> $$\frac{d^2y}{dx^2} + a\frac{dy}{dx} + by = R(x) \qquad ①$$
> を定数係数の **2階線形微分方程式**という. $R(x) \equiv 0$ のとき**斉次**(同次)といい, $R(x) \not\equiv 0$ のとき **非斉次**(非同次)という.
> (非斉次の場合, 解くのは難しくなる)

①式の解について, 例えば
$$y'' = 0$$
の解は,
$$y' = A \ (A \text{ は任意の定数})$$
$$\therefore \quad y = Ax + B \ (A, B \text{ は任意の定数})$$
このように, 一般に, **2階線形微分方程式の解は2つの任意の定数をもっている**. 2つの任意の定数をもっている解を2階線形方程式の**一般解**という.

よって, 独立な2つの関数 y_1, y_2 が
$$y'' + ay' + by = 0 \qquad ②$$
の解であれば,
$$y = Ay_1 + By_2 \quad (A, B \text{ は任意の定数}) \qquad ③$$
も②式の解であり, 2つの任意の定数をもつから, ②式の一般解である.

また, ある1つの関数 y_0 が①式の解, すなわち,
$$y_0'' + ay_0' + by_0 = R(x) \qquad ④$$
をみたすとする. このとき, この y_0 を①式の**特殊解**という.

よって, y_1, y_2 が②式の独立な解で, y_0 が①式の特殊解であれば,
$$y = Ay_1 + By_2 + y_0 \quad (A, B \text{ は任意の定数}) \qquad ⑤$$

が①式 $y'' + ay' + by = R(x)$ の一般解である．

コラム

a, b は実数とする．
(ⅰ) $ay_1 + by_2 = 0 \iff a = b = 0$ のとき y_1 と y_2 は**独立**といい，
(ⅱ) y_1 と y_2 が独立でないとき**従属**という．例えば，$2ax + bx = 0$ は $a = -1, b = 2$ のとき成り立つから，$2x$ と x は従属である．

定理 8-1　定数係数の 2 階斉次線形微分方程式

$$y'' + ay' + by = 0 \quad (a, b \text{ は定数})$$

の一般解は，t の 2 次方程式（**特性方程式**）

$$t^2 + at + b = 0$$

の解によって，次のように定まる．ここで，A, B は任意の定数とする．

(1) 異なる実数解 α, β のとき，

$$y = Ae^{\alpha x} + Be^{\beta x}$$

(2) 重解 α のとき，

$$y = (Ax + B)e^{\alpha x}$$

(3) 虚数解 $\lambda \pm i\mu$ （λ, μ は実数）のとき，

$$y = e^{\lambda x}(A\cos\mu x + B\sin\mu x)$$

［証明］(1) $y' = \alpha A e^{\alpha x} + \beta B e^{\beta x}$, $y'' = \alpha^2 A e^{\alpha x} + \beta^2 B e^{\beta x}$
また，$\alpha^2 + a\alpha + b = 0$, $\beta^2 + a\beta + b = 0$. よって，

$$y'' + ay' + by = A(\alpha^2 + a\alpha + b)e^{\alpha x} + B(\beta^2 + a\beta + b)e^{\beta x} = 0$$

(2) $t^2 + at + b = (t - \alpha)^2$ であるから，$\alpha = -2a$.
よって，(1) と同様にして，

$$y'' + ay' + by = A(\alpha^2 + a\alpha + b)e^{\alpha x}$$
$$+ B\{(a + 2\alpha) + (\alpha^2 + a\alpha + b)x\}e^{\alpha x} = 0$$

(3) $t^2 + at + b = 0 \quad \therefore \quad t = \dfrac{-a \pm \sqrt{a^2 - 4b}}{2} \quad \therefore \quad t = -\dfrac{a}{2} \pm \dfrac{\sqrt{4b - a^2}}{2}i$

§2 2階線形微分方程式　169

$$\therefore \lambda = -\frac{a}{2}, \mu = \frac{\sqrt{4b-a^2}}{2} \quad \therefore \quad \begin{cases} y_1 = e^{\lambda x}\cos\mu x \\ y_2 = e^{\lambda x}\sin\mu x \end{cases} \quad \text{とおくと,}$$

$$y_1' = \lambda e^{\lambda x}\cos\mu x - \mu e^{\lambda x}\sin\mu x$$

$$y_1'' = \lambda^2 e^{\lambda x}\cos\mu x - 2\lambda\mu e^{\lambda x}\sin\mu x - \mu^2 e^{\lambda x}\cos\mu x$$

$$\therefore \quad y_1'' + ay_1' + by_1$$
$$= e^{\lambda x}\{(\lambda^2 - \mu^2 + a\lambda + b)\cos\mu x - (2\lambda + a)\mu\sin\mu x\} = 0$$

$$\therefore \quad y_1'' + ay_1' + by_1 = 0$$

同様に,
$$y_2'' + ay_2' + by_2 = 0$$

よって, $\boldsymbol{Ay_1 + By_2}$ は $\boldsymbol{y'' + ay' + by = 0}$ の一般解である. ■

■ **例1**（計算）　次の各2階線形微分方程式の一般解を求めよ.

(1) $y'' + y' - 6y = 0$

(2) $y'' - 6y' + 9y = 0$

(3) $y'' - 6y' + 13y = 0$

［解］（1）特性方程式 $t^2 + t - 6 = 0$　$\therefore$　$(t+3)(t-2) = 0$
　　　　$\therefore$　$y = Ae^{-3x} + Be^{2x}$

（2）特性方程式 $t^2 - 6t + 9 = 0$　$\therefore$　$(t-3)^2 = 0$
　　　　$\therefore$　$y = (Ax + B)e^{3x}$

（3）特性方程式 $t^2 - 6t + 13 = 0$　$\therefore$　$t = 3 \pm 2i$
　　　　$\therefore$　$y = e^{3x}(A\cos 2x + B\sin 2x)$ ■

■ **例2**（計算）　次の各微分方程式の特殊解を求めよ.

(1) $y'' + y' - 6y = -8e^x$　　　　(2) $y'' + y' - 6y = 5e^{2x}$

(3) $y'' - 6y' + 9y = 27x$　　　　(4) $y'' - 2y' + y = 25\sin 2x$

(5) $y'' - 2y' + 2y = 2xe^{2x}$　　　(6) $y'' + 2y' + 2y = 65e^x\cos 2x$

［解］（1）$y_0 = ae^x$ とおく. $y_0'' + y_0' - 6y_0 = a(1 + 1 - 6)e^x$
　　　　$\therefore$　$-4ae^x = -8e^x$　$\therefore$　$a = 2$　$\therefore$　$y_0 = 2e^x$

（2）$y_0 = axe^{2x}$ とおく. $y_0' = ae^{2x} + 2axe^{2x}$, $y_0'' = 4ae^{2x} + 4axe^{2x}$
　　　　$y_0'' + y_0' - 6y_0 = 5ae^{2x}$　$\therefore$　$5ae^{2x} = 5e^{2x}$　$\therefore$　$a = 1$

$$\therefore \quad y_0 = xe^{2x}$$

(3) $y_0 = ax + b$ とおく. $y_0'' - 6y_0' + 9y_0 = 9ax + 9b - 6a$
$$\therefore \quad 9ax + 9b - 6a = 27x \quad \therefore \quad 9a = 27, \ 9b - 6a = 0$$
$$\therefore \quad a = 3, \ b = 2 \quad \therefore \quad y_0 = 3x + 2$$

(4) $y_0 = a\cos 2x + b\sin 2x$ とおく.
$$y_0' = -2a\sin 2x + 2b\cos 2x, \ y_0'' = -4a\cos 2x - 4b\sin 2x$$
$$\therefore \quad y_0'' - 2y_0' + y_0 = (-3a - 4b)\cos 2x + (-3b + 4a)\sin 2x$$
$$\therefore \quad -3a - 4b = 0, \ -3b + 4b = 25 \quad \therefore \quad a = 4, \ b = -3$$
$$\therefore \quad y_0 = 4\cos 2x - 3\sin 2x$$

(5) $y_0 = (ax + b)e^{2x}$ とおく.
$$y_0' = (2ax + a + 2b)e^{2x}, \ y_0'' = 4(ax + a + b)e^{2x}$$
$$\therefore \quad y_0'' - 2y_0' + 2y_0 = 2(ax + a + b)e^{2x}$$
$$\therefore \quad 2(ax + a + b) = 2x \quad \therefore \quad a = 1, \ b = -1 \quad \therefore \quad y_0 = (x - 1)e^{2x}$$

(6) $y_0 = e^x(a\cos 2x + b\sin 2x)$ とおく.
$$y_0' = e^x\{(a + 2b)\cos 2x - (2a - b)\sin 2x\}$$
$$y_0'' = e^x\{(-3a + 4b)\cos 2x - (4a + 3b)\sin 2x\}$$
$$\therefore \quad y_0'' + 2y_0' + 2y_0 = e^x\{(a + 8b)\cos 2x - (8a - b)\sin 2x\}$$
$$\therefore \quad a + 8b = 65, \ 8a - b = 0 \quad \therefore \quad a = 1, \ b = 8$$
$$\therefore \quad y_0 = e^x(\cos 2x + 8\sin 2x) \qquad \blacksquare$$

■ 例 3 (計算) 次の各非斉次線形微分方程式の一般解を求めよ.

(1) $y'' + y' - 6y = -8e^x$ (2) $y'' + y' - 6y = 5e^{2x}$

(3) $y'' - 6y' + 9y = 27x$ (4) $y'' - 2y' + y = 25\sin 2x$

(5) $y'' - 2y' + 2y = 2xe^{2x}$ (6) $y'' + 2y' + 2y = 65e^x\cos 2x$

[解] 例 1 (計算) と例 2 (計算) から,

(1) $y = Ae^{-3x} + Be^{2x} + 2e^x$ (2) $y = Ae^{-3x} + Be^{2x} + xe^{2x}$

(3) $y = (Ax + B)e^{3x} + 3x + 2$ (4) $t^2 - 2t + 1 = 0 \quad \therefore \quad (t-1)^2 = 0$
$$\therefore \quad y = (Ax + B)e^x + 4\cos 2x - 3\sin 2x$$

(5) $t^2 - 2t + 2 = 0 \quad \therefore \quad t = 1 \pm i$
$$\therefore \quad y = e^x(A\cos x + B\sin x) + (x - 1)e^{2x}$$

(6) $t^2 + 2t + 2 = 0 \quad \therefore \quad t = -1 \pm i$
$$\therefore \quad y = e^{-x}(A\cos x + B\sin x) + e^x(\cos 2x + 8\sin 2x) \qquad \blacksquare$$

§2 2階線形微分方程式

■ **例4（計算）** 次の各2階非斉次線形微分方程式の一般解を求めよ.

(1) $y'' + y = 2\cos x$ (2) $y'' + 4y = -8\sin 2x$

[解] (1) $t^2 + 1 = 0$ ∴ $t = \pm i$

よって, $y'' + y = 0$ の一般解は $y = A\cos x + B\sin x$

特殊解は $y_0 = x(a\cos x + b\sin x)$ とおく.

$$y_0' = a\cos x + b\sin x + x(-a\sin x + b\cos x)$$
$$y_0'' = 2(-a\sin x + b\cos x) - x(a\cos x + b\sin x)$$
$$\therefore\ y_0'' + y_0 = 2(-a\sin x + b\cos x)$$
$$\therefore\ a = 0,\ b = 1 \quad \therefore\ y_0 = x\sin x$$

よって, 一般解は $y = A\cos x + B\sin x + x\sin x$

(2) $y'' + 4y = 0$ の一般解は $y = A\cos 2x + B\sin 2x$

$y_0 = x(a\cos 2x + b\sin 2x)$ とおくと,

$$y_0'' = -4a\sin 2x + 4b\cos 2x - 4(a\cos 2x + b\sin 2x)$$
$$\therefore\ y_0'' + y_0 = -8\sin 2x\ \text{から},\ a = 2,\ b = 0$$

よって, 求める一般解は $y = A\cos 2x + B\sin 2x + 2x\cos 2x$ ■

練習問題 8-2

A-1 次の各2階斉次線形微分方程式の一般解を求めよ.
 (1) $y'' - 5y' + 6y = 0$ (2) $y'' + 3y' - 28y = 0$

A-2 次の各2階非斉次線形微分方程式の特殊解を求めよ.
 (1) $y'' - 5y' + 6y = 6x^2$ (2) $y'' - 5y' + 6y = 4xe^x$

A-3 次の各2階非斉次線形微分方程式の一般解を求めよ.
 (1) $y'' - 2y' + 2y = 2x$ (2) $y'' - 4y' + 20y = 20x^2$

B-1 次の各2階斉次線形微分方程式の一般解を求めよ.
 (1) $y'' - 4y' + 4y = 0$ (2) $y'' + 4y' + 29y = 0$

B-2 次の各2階非斉次線形微分方程式の特殊解を求めよ.
 (1) $y'' - 5y' + 6y = 10x\sin x$ (2) $y'' - 5y' + 6y = 10x\cos x$

B-3 次の各2階非斉次線形微分方程式の一般解を求めよ.
 (1) $y'' + 2y' + 5y = 2\sin x + 6\cos x$
 (2) $y'' + 6y' + 13y = 8x^2 e^{-x}$

第 8 章の演習問題

A-8-1 次の各微分方程式を解け.

(1) $(x-1)y' - (y+1) = 0$

(2) $\dfrac{2y^3}{y^4+3}y' = -\dfrac{x}{x^2+1}$

(3) $y' = \dfrac{1}{\sqrt{y}}$

(4) $y'\cos^3 x + 2\sin x \cos^2 y = 0$

(5) $3y + (3x+2y)y' = 0$

(6) $y^2 - (x^2+xy)y' = 0$

A-8-2 次の各微分方程式を解け.

(1) $y'' + y' - 30y = 0$

(2) $y'' + 11y' + 30y = 0$

(3) $y'' + 10y' + 25y = 0$

(4) $y'' - 12y' + 36y = 0$

B-8-1 次の各微分方程式を解け.

(1) $xy' + y = \cos x$

(2) $y' + 2xy = x$

(3) $xy' - y = x^2$

(4) $xy' - y = 2x^3$

(5) $y'\cos x + y\sin x = 1$

(6) $y' + y = xy^2$

B-8-2 次の各微分方程式の特殊解を求めよ.

(1) $y'' - y' + 2y = x^2$

(2) $y'' - y' + 2y = 2x^3 e^x$

(3) $y'' - y' + 2y = 2e^x \cos x$

(4) $y'' - y' + 2y = 2e^x \sin x$

(5) $y'' - 2y' + y = 2e^x$

(6) $y'' - 2y' + y = 6xe^x$

次の表を参考にして特殊解を求めるとよい. ただし, (5), (6) は使えない.
$y'' + ay' + by = R(x)$ の特殊解 $y_0(x)$ は次の表のようになる.

$R(x)$	$y_0(x)$
1. cx^n	$a_n x^n + a_{n-1} x^{n-1} + \cdots + a_1 x + a_0$
2. $ce^{\lambda x}$	$ae^{\lambda x}$
3. $c_1 \cos \lambda x + c_2 \sin \lambda x$	$a\cos \lambda x + b\sin \lambda x$
4. $cx^n e^{\lambda x}$	$e^{\lambda x}(a_n x^n + \cdots + a_1 x + a_0)$
5. $ce^{\lambda x}\cos \mu x$	$ae^{\lambda x}\cos \mu x + be^{\lambda x}\sin \mu x$

問題の解答

練習問題 1-2

A-1 (1) 2点 $(0, -1)$, $(2, 0)$ を通る直線であり, 定義域は $-\infty < x < \infty$
(2) $y = x^2$ のグラフを y 軸方向に 2 倍に拡大したもの. 定義域は $-\infty < x < \infty$
(3) $x \geqq 0$ のとき, $y = x$, $x < 0$ のとき, $y = -x$, 定義域は $-\infty < x < \infty$

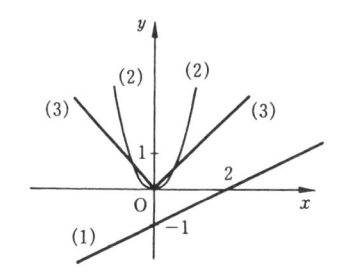

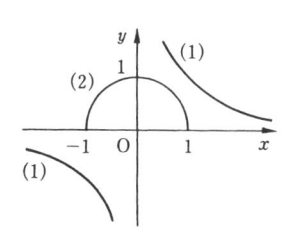

B-1 (1) $y = 1/x$ と同じタイプ, 定義域 $-\infty < x < 0$, $0 < x < \infty$.
(2) 与式の両辺を 2 乗して, $x^2 + y^2 = 1$ (原点が中心, 半径 1 の円), $y \geq 0$
定義域は $-1 \leqq x \leqq 1$, 領域は $0 \leqq y \leqq 1$.

練習問題 1-3

A-1 (1) $a^{3/2} \cdot a^{5/2} = a^{8/2} = a^4$
(2) $a^{7/3} \cdot a^{-1/3} = a^{6/3} = a^2$

A-2 $y = f(x)$ と $y = f(-x)$ は y 軸対称
よって, $y = 3^{-x}$ は $y = 3^x$ に y 軸対称

A-3 (1) $2^{-x} = 2^{2/3}$ $\therefore$ $x = -2/3$
(2) $2^{x-1} > 2^2$ $\therefore$ $x - 1 > 2$ $\therefore$ $x > 3$

B-1 (1) $a^{3/4} \cdot (a^2 \cdot a^{1/2})^{1/3} = a^{3/4} \cdot a^{5/2 \cdot 1/3} = a^{3/4} \cdot a^{5/6} = a^{19/12}$
(2) $a^{1/3} \cdot a^{-5/6} = a^{-1/2}$

B-2 (1) $(2 \cdot 2^x - 1)(2^x + 2) = 0$ から, $2^x = 2^{-1}$ $\therefore$ $x = -1$
(2) $(3 \cdot 3^x - 1)(3^x + 1) < 0$ から, $3^x < 3^{-1}$ $\therefore$ $x < -1$

B-3 (1) $x \to \infty$ の場合であるから, $x > 1$ としてよく, 実数 x に対しては
$n \leqq x < n+1$ をみたす自然数 n が存在する. よって, 逆数をとって 1 を加えると,

$$1 + \frac{1}{n+1} < 1 + \frac{1}{x} \leqq 1 + \frac{1}{n}$$

$$\therefore \quad \left(1 + \frac{1}{n+1}\right)^n < \left(1 + \frac{1}{x}\right)^x < \left(1 + \frac{1}{n}\right)^{n+1}$$

$$\therefore \quad \lim_{n \to \infty}\left(1 + \frac{1}{n+1}\right)^n = \lim_{n \to \infty}\left\{\left(1 + \frac{1}{n+1}\right)^{n+1}\left(1 + \frac{1}{n+1}\right)^{-1}\right\} = e$$

$$\lim_{n \to \infty}\left(1 + \frac{1}{n}\right)^{n+1} = \lim_{n \to \infty}\left\{\left(1 + \frac{1}{n}\right)^n\left(1 + \frac{1}{n}\right)\right\} = e$$

$x \to \infty \Leftrightarrow n \to \infty$ であるから，はさみうちの原理によって，$\displaystyle\lim_{x \to \infty}\left(1 + \frac{1}{x}\right)^x = e$

(2) $x \to -\infty$ のとき，$x = -y\,(y > 0)$ とおくと，

$$\left(1 + \frac{1}{x}\right)^x = \left(1 - \frac{1}{y}\right)^{-y} = \left(\frac{y-1}{y}\right)^{-y} = \left(\frac{y}{y-1}\right)^y = \left(1 + \frac{1}{y-1}\right)^y$$

$$\therefore \quad \left(1 + \frac{1}{x}\right)^x = \left(1 + \frac{1}{y-1}\right)^{y-1}\left(1 + \frac{1}{y-1}\right)$$

$$\therefore \quad \lim_{x \to -\infty}\left(1 + \frac{1}{x}\right)^x = e$$

練習問題 1-4

A-1 (1) $\log_2(2^3 \cdot 3) - 2 \cdot \dfrac{\log_2(2^2 \cdot 3)}{\log_2 2^2} = 3 + \log_2 3 - (2 + \log_2 3) = 1$

(2) $\log_3 3^2 - 2 \cdot \dfrac{\log_3 3^3}{\log_3 3^2} = 2 - 3 = -1$

A-2 (1) $x > 0,\ \log_2 x = \log_2 2^3 \quad \therefore \quad x = 8$

(2) $1 - x > 0 \quad \therefore \quad x < 1$
$\log_3(1-x) = 2\log_3 3 \quad \therefore \quad 1 - x = 9 \quad \therefore \quad x = -8 \quad$ よって，$x = -8$

A-3 (1) $x + 1 > 0 \quad \therefore \quad x > -1$（真数条件）
$\log_2(x+1) < \log_2 2^3 \quad \therefore \quad x + 1 < 8 \quad \therefore \quad x < 7 \quad$ よって，$-1 < x < 7$

(2) $2 - x > 0 \quad \therefore \quad x < 2$（真数条件）
$\log_3(2-x) \leqq \log_3 3 \quad \therefore \quad 2 - x \leqq 3 \quad \therefore \quad x \geqq -1 \quad$ よって，$-1 \leqq x < 2$

B-1 (1) $\dfrac{1}{2} \cdot \log_2 2^2 \cdot 3 + \dfrac{\log_2 6}{\log_2(1/4)} + \dfrac{\log_2 2^3 \cdot 3}{\log_2 4} = 2 + \dfrac{1}{2}\log_2 3$

(2) $\dfrac{1}{\log_2 3 \cdot \dfrac{\log_2 4}{\log_2 3}} + \dfrac{1}{\dfrac{\log_2 5}{\log_2 4} \cdot \dfrac{\log_2 2}{\log_2 5}} = \dfrac{1}{2} + 2 = \dfrac{5}{2}$

B-2 (1) $x - 1 > 0,\ x > 0 \quad \therefore \quad x > 1$（真数条件）

$2\log_2(x-1) + 2 \cdot \dfrac{\log_2 x}{\log_2 4} = 1 \quad \therefore \quad \log_2 x(x-1)^2 = 1$

$\therefore \quad x(x-1)^2 = 2 \quad \therefore \quad x^3 - 2x^2 + x - 2 = 0 \quad \therefore \quad (x-2)(x^2+1) = 0$

$\therefore \quad x = 2 \quad$ よって，真数条件とあわせて，$x = 2$

(2) $4(\log_2 x)^2 - 12 \cdot \dfrac{\log_2 x}{\log_2 8} + 1 = 0$ $\therefore$ $4(\log_2 x)^2 - 4\log_2 x + 1 = 0$

$\therefore$ $(2\log_2 x - 1)^2 = 0$ $\therefore$ $x = 2^{1/2}$ $\therefore$ $x = \sqrt{2}$

B-3 (1) 真数条件：$-1 < x < 2$. 与式から，$\log_2(x+1) - \log_2(2-x) > \log_2 8$

$\therefore$ $\dfrac{x+1}{2-x} > 8$ $\therefore$ $(x+1)(2-x) > 8(2-x)^2$ $\therefore$ $3x^2 - 11x + 10 < 0$

$\therefore$ $(3x-5)(x-2) < 0$ $\therefore$ $5/3 < x < 2$ よって，$5/3 < x < 2$

(2) 真数条件は $x > 1$ $\log_3 \dfrac{x+1}{x-1} < 2$ $\therefore$ $\dfrac{x+1}{x-1} < 9$

$\therefore$ $x + 1 < 9(x-1)$，よって，真数条件をあわせて，$x > 5/4$

練習問題 1-5

A-1 (1) $75° = 75 \cdot \dfrac{\pi}{180} = \dfrac{5}{12}\pi$, $105° = \dfrac{7}{12}\pi$, $150° = \dfrac{5}{6}\pi$

(2) $\dfrac{5}{12}\pi = \dfrac{5}{12} \cdot 180° = 75°$, $\dfrac{2}{5}\pi = 72°$, $\dfrac{\pi}{10} = \dfrac{1}{10} \cdot 180° = 18°$

A-2 $\sin 2\pi/3 = \sin(\pi - \pi/3) = \sin \pi/3 = \sqrt{3}/2$

$\cos 2\pi/3 = \cos(\pi - \pi/3) = -\cos \pi/3 = -1/2$

$\tan 2\pi/3 = -\sqrt{3}$

$\sin 3\pi/4 = \sin(\pi - \pi/4) = \sin \pi/4 = 1/\sqrt{2}$

$\cos 3\pi/4 = \cos(\pi - \pi/4) = -\cos \pi/4 = -1/\sqrt{2}$

$\tan 3\pi/4 = -1$

A-3 (1) $\sin(\theta + \pi) = \sin\theta\cos\pi + \cos\theta\sin\pi = -\sin\theta$

(2) $\cos(\theta + \pi) = \cos\theta\cos\pi - \sin\theta\sin\pi = -\cos\theta$

B-1 (1) $\sin x - \cos 2x = \sin x - \cos^2 x + \sin^2 x = 2\sin^2 x + \sin x - 1 = 0$

$\therefore$ $\sin x = 1/2, -1$ $\therefore$ $x = \pi/6, 5\pi/6$

(2) $\cos 3x + \cos x = -3\cos x + 4\cos^3 x + \cos x = 4\cos^3 x - 2\cos x = 0$

$\therefore$ $\cos x = 0, \pm 1/\sqrt{2}$ $\therefore$ $x = \pi/4, \pi/2, 3\pi/4$

B-2 (1) $\sqrt{2}\sin^2 x + \cos x = \sqrt{2} + \cos x - \sqrt{2}\cos^2 x = (\sqrt{2} - \cos x)(1 + \sqrt{2}\cos x)$

$(\sqrt{2} - \cos x)(1 + \sqrt{2}\cos x) < 0$ $\therefore$ $1 + \sqrt{2}\cos x < 0$ $\therefore$ $\cos x < -1/\sqrt{2}$

$\therefore$ $3\pi/4 < x < 5\pi/4$

(2) $(2\sin x + 1)(2\sin x - \sqrt{3}) < 0$ $\therefore$ $-1/2 < \sin x < \sqrt{3}/2$

$\therefore$ $0 \leqq x < \pi/3,\ 2\pi/3 < x < 7\pi/6,\ 11\pi/6 < x \leqq 2\pi$

第1章の演習問題

A-1-1 $a + b - 2\sqrt{ab} = (\sqrt{a})^2 - 2\sqrt{ab} + (\sqrt{b})^2 = (\sqrt{a} - \sqrt{b})^2$

$\therefore$ $\sqrt{a + b - 2\sqrt{ab}} = \sqrt{(\sqrt{a} - \sqrt{b})^2} = \sqrt{a} - \sqrt{b}$ （ただし，$a > b$）

A-1-2 (1) $\sqrt{3+2\sqrt{2}} = \sqrt{2+2\sqrt{2}+1} = \sqrt{(\sqrt{2}+1)^2} = \sqrt{2}+1$

(2) $\sqrt{3-2\sqrt{2}} = \sqrt{2-2\sqrt{2}+1} = \sqrt{(\sqrt{2}-1)^2} = \sqrt{2}-1$

(3) $\sqrt{2+\sqrt{3}} = \sqrt{\dfrac{4+2\sqrt{3}}{2}} = \sqrt{\dfrac{(\sqrt{3}+1)^2}{2}} = \dfrac{\sqrt{3}+1}{\sqrt{2}} = \dfrac{\sqrt{6}+\sqrt{2}}{2}$

A-1-3 (1) $(2^{-1/2})^{x-1} = 2^{2x}$ ∴ $-(x-1)/2 = 2x$ ∴ $x = 1/5$

(2) $2x = 4 \times 3 - 2 \times 4 + 2$ ∴ $x = 6 - 4 + 1$ ∴ $x = 3$

A-1-4 両辺を 2 乗する. $\sin^2\theta + 2\sin\theta\cos\theta + \cos^2\theta = 2$ ∴ $\sin\theta\cos\theta = 1/2$

A-1-5 $\sin x + 2\cos x = \sqrt{5}\sin(x+\alpha)$, ただし, $\cos\alpha = 1/\sqrt{5}$, $\sin\alpha = 2/\sqrt{5}$
ここで, $|\sin(x+\alpha)| \leqq 1$ よって, 最大値は $\sqrt{5}$, 最小値は $-\sqrt{5}$

B-1-1 (1) $2 \cdot 2^{2x} - 3 \cdot 2^x + 1 = (2 \cdot 2^x - 1)(2^x - 1) = 0$
∴ $2^x = 2^{-1}, 2^0$ ∴ $x = -1, 0$

(2) $(\log_2 x)^2 + 2\log_2 x - 1 = 0$ ∴ $\log_2 x = -1 \pm \sqrt{2}$ ∴ $x = 2^{-1 \pm \sqrt{2}}$

B-1-2 (1) $x - 2 < -x^2$ ∴ $(x+2)(x-1) < 0$ ∴ $-2 < x < 1$

(2) $3^{2x} - 3 \cdot 3^x - 4 = (3^x + 1)(3^x - 4) < 0$ ∴ $3^x - 4 < 0$
∴ $3^x < 4$ ∴ $\log_3 3^x < \log_3 4$ ∴ $x < \log_3 4$

(3) 真数条件は $x < 2$, $\log_3(2-x)/x^2 \leqq \log_3 1$ ∴ $(2-x)/x^2 \leqq 1$
$x^2 + x - 2 \geqq 0$ ∴ $(x+2)(x-1) \geqq 0$ ∴ $x \leqq -2, x \geqq 1$
よって, 真数条件とあわせて, $x \leqq -2, 1 \leqq x < 2$

(4) 真数条件は $x > 1$, $\log_2(x+1)(x-1) \geqq 3\log_2 2$ ∴ $x^2 - 1 \geqq 8$
$(x+3)(x-3) \geqq 0$ よって真数条件とあわせて, $x \geqq 3$

B-1-3 (1) $1 + \tan^2\theta = 1 + \dfrac{\sin^2\theta}{\cos^2\theta} = \dfrac{\cos^2\theta + \sin^2\theta}{\cos^2\theta} = \dfrac{1}{\cos^2\theta} = \sec^2\theta$

(2) $1 + \cot^2\theta = 1 + \dfrac{\cos^2\theta}{\sin^2\theta} = \dfrac{\sin^2\theta + \cos^2\theta}{\sin^2\theta} = \dfrac{1}{\sin^2\theta} = \operatorname{cosec}^2\theta$

B-1-4 $\sin(\alpha \pm \beta) = \sin\alpha\cos\beta \pm \cos\alpha\sin\beta$ （復号同順）
$\cos(\alpha \pm \beta) = \cos\alpha\cos\beta \mp \sin\alpha\sin\beta$ （復号同順）
このとき,
$$\sin(\alpha+\beta) - \sin(\alpha-\beta) = 2\sin\alpha\cos\beta$$
$$\cos(\alpha+\beta) - \cos(\alpha-\beta) = -2\sin\alpha\sin\beta$$
このとき,
$$\alpha + \beta = A, \ \alpha - \beta = B$$
とおくと, 上の式からサイン, 下の式からコサインの公式が得られる.

練習問題 2-1

A-1 (1) $\displaystyle\lim_{x\to 2}(x^2 + 2x + 4) = 12$ (2) $\displaystyle\lim_{x\to\infty}\dfrac{3/x^2 - 5}{4 + 1/x} = -\dfrac{5}{4}$

(3) $\displaystyle\lim_{x\to 0}\dfrac{2x}{2x+1} \cdot \dfrac{1}{x} = 2$ (4) $\displaystyle\lim_{x\to 0}\dfrac{\tan 4x}{4x} \cdot 4 = 4$

(5) $\displaystyle\lim_{x\to 0}\frac{1-\cos x}{x\sin x}\cdot\frac{1+\cos x}{1+\cos x}=\lim_{x\to 0}\left(\frac{\sin x}{x}\cdot\frac{1}{1+\cos x}\right)=\frac{1}{2}$

(6) $\displaystyle\lim_{x\to 0}\frac{\log(1+7x)}{7x}\cdot 7=7$

B-1 (1) $\displaystyle\lim_{x\to 0}\frac{\log(1+5\sin x)}{5\sin x}\cdot\frac{5\sin x}{x}=5$ (2) $\displaystyle\lim_{x\to 0}\frac{e^{6x}-1}{6x}\cdot 6=6$

(3) $\displaystyle\lim_{x\to\infty}\left\{\left(1+\frac{1}{3x}\right)^{3x}\right\}^{1/3}=e^{1/3}$ (4) $\displaystyle\lim_{x\to-\infty}\left\{\left(1+\frac{1}{8x}\right)^{8x}\right\}^{1/8}=e^{1/8}$

(5) $\displaystyle\lim_{x\to 0}\frac{e^{2\sin x}-1}{2\sin x}\cdot\frac{2\sin x}{\tan x}=2$

(6) $\displaystyle\lim_{x\to 0}\frac{\log(1+3x^2)}{3x^2}\cdot\frac{3x^2}{1-\cos x}\cdot\frac{1+\cos x}{1+\cos x}=3\cdot 2=6$

練習問題 2-2

A-1 (1) $f(a)=2a+1$ は存在する．また，$f(x)\to 2a+1\,(x\to a)$ が成り立つ．よって，$f(x)$ は任意の $x=a$ で連続である．

(2) 任意の $a\neq 0$ に対して，$f(a)$ は存在する．
また，$a\neq 0$ に対して，$f(x)\to a\,(x\to a)$．よって，$a\neq 0$ に対して，$f(x)$ は，$x=a$ で連続である．

次に $f(0)=1$ で，$\displaystyle\lim_{x\to 0}\frac{\sin x}{x}=1$ も成り立つから，$f(x)$ はすべての x に対して連続である．

A-2 (1) $f(x)=x^3+ax^2+bx+c$ とおく．

$x\neq 0$ のとき $f(x)=x^3\left(1+\dfrac{a}{x}+\dfrac{b}{x^2}+\dfrac{c}{x^3}\right)$

十分大きい $|x|$ に対しては，$x<0\Leftrightarrow f(x)<0,\ x>0\Leftrightarrow f(x)>0$
よって，$f(x)$ は連続であるから，$f(x)=0$ となる x は少なくとも 1 つ存在する．

(2) $f(x)=x^{2n+1}+a_{2n}x^{2n}+\cdots+a_0$ とおく．

$x\neq 0$ のとき，$f(x)=x^{2n+1}\left(1+\dfrac{a_{2n}}{x}+\cdots+\dfrac{a_0}{x^{2n+1}}\right)$

よって，n が与えられた自然数であるから，十分大きい $|x|$ に対しては，
$$x<0\Leftrightarrow f(x)<0\ ;\ x>0\Leftrightarrow f(x)>0$$
となるから，$f(x)$ は連続であるから，$f(x)=0$ となる x は少なくとも 1 つ存在する．

A-3 (1) $f(g(x))=\dfrac{g(x)-1}{g(x)+2}=\dfrac{x+2}{7x-1}$ (2) $g(f(x))=\dfrac{3f(x)+1}{2f(x)-1}=\dfrac{4x-1}{x-4}$

B-1 $f(x)=\tan x\,(-\pi/2<x<\pi/2)$ は開区間 $-\pi/2<x<\pi/2$ で定義されているが，$\tan(-\pi/2)=-\infty$, $\tan(\pi/2)=\infty$ であるから，この開区間では最大値と最小値はとらない．

B-2 閉区間 $[0, 2]$ 上で定義されている関数 $f(x) = \begin{cases} x \ (x \neq 0, \ 2) \\ 1 \ (x = 0, \ 2) \end{cases}$ は $x = 0, \ 2$ で連続でない．この関数は，$[0, 2]$ 上で最大値，最小値をとらない．

B-3 xy 平面内の $-\infty < a \leqq x \leqq b < \infty$ での連続関数 $y = f(x)$ のグラフは 2 点 $(a, \ f(a))$, $(b, \ f(b))$ を通る連続曲線であるから，$a \leqq x \leqq b$ に対して，$f(x) \leqq K$ となる K が存在する．もし，そのような K が存在しないならば，$f(x_1) = \infty$ となる $x_1 \ (a < x_1 < b)$ が存在することになり，$f(x)$ の連続性に反する．

次に，x 軸に平行な直線 $y = K$ を考える．$y = K$ と $y = f(x)$ とに共有点があれば，その点を $(x_2, \ K)$ とすると，$f(x_2) = K$ であり，$f(x)$ は最大値 K を $x = x_2$ でとることになる．

共有点がないときは，K を連続的に小さくし，$y = f(x)$ と共有点を最初にもったところで止める．その最初の共有点を $(x_3, \ k_0)$ とすると，$f(x_3) = k_0$ となり，$f(x)$ は最大値 k_0 を $x = x_3$ でとることになる．よって最大値は存在する．

最小値の存在も最大値の場合と同様に証明できる．この性質も連続関数の重要な性質の 1 つである．

練習問題 2-3

A-1 (1) $\dfrac{1}{h}\left\{\dfrac{1}{(x+h)^2} - \dfrac{1}{x^2}\right\} = -\dfrac{1}{h} \cdot \dfrac{2xh + h^2}{x^2(x+h)^2} \to -\dfrac{2}{x^3} \ (h \to 0)$

(2) $a^3 - b^3 = (a - b)(a^2 + ab + b^2)$ から，

$$\dfrac{1}{h}(\sqrt[3]{x+h} - \sqrt[3]{x}) = \dfrac{1}{h} \cdot \dfrac{(x+h) - x}{(\sqrt[3]{x+h})^2 + \sqrt[3]{x+h} \cdot \sqrt[3]{x} + (\sqrt[3]{x})^2}$$

$$= \dfrac{1}{(\sqrt[3]{x+h})^2 + \sqrt[3]{x+h} \cdot \sqrt[3]{x} + (\sqrt[3]{x})^2} \to \dfrac{1}{3\sqrt[3]{x^2}} \ (h \to 0)$$

B-1 (1) $\dfrac{1}{h}\{e^{3(x+h)} - e^{3x}\} = 3e^{3x} \cdot \dfrac{e^{3h} - 1}{3h} \to 3e^{3x} \ (h \to 0)$

(2) $\dfrac{1}{h}\{\sin 3(x+h) - \sin 3x\} = \dfrac{1}{h} \cdot 2\cos\left(3x + \dfrac{3h}{2}\right)\sin\dfrac{3h}{2}$

$= 3 \cdot \cos\left(3x + \dfrac{3h}{2}\right) \cdot \dfrac{2}{3h}\sin\dfrac{3h}{2} \to 3\cos 3x \ (h \to 0)$

(3) $\dfrac{1}{h}\left\{\dfrac{1}{\sin(x+h)} - \dfrac{1}{\sin x}\right\} = -\dfrac{1}{h} \cdot \dfrac{\sin(x+h) - \sin x}{\sin x \sin(x+h)}$

$= -\dfrac{1}{\sin x \sin(x+h)} \cdot \cos\left(x + \dfrac{h}{2}\right) \cdot \dfrac{2}{h}\sin\dfrac{h}{2} \to -\dfrac{\cos x}{\sin^2 x}$

(4) $\dfrac{1}{h}\left\{\dfrac{1}{g(x+h)} - \dfrac{1}{g(x)}\right\} = -\dfrac{1}{g(x)g(x+h)} \cdot \dfrac{g(x+h) - g(x)}{h}$

$\to -\dfrac{g'(x)}{\{g(x)\}^2} \ (h \to 0)$

問題の解答   179

よって，$\left\{\dfrac{1}{g(x)}\right\}' = -\dfrac{g'(x)}{\{g(x)\}^2}$

> コラム
> $\left(\dfrac{1}{g}\right)' = -\dfrac{g'}{g^2}$

練習問題 2-4

A-1 (1) $y' = 3x^2(x+1)^2 + 2x^3(x+1) = x^2(x+1)(5x+3)$

(2) $y' = (x-1)(x^2+3) + x(x^2+3) + 2x^2(x-1)$
$= 4x^3 - 3x^2 + 6x - 3$

(3) $y = x - 1 + \dfrac{1}{x+1}$ ∴ $y' = 1 - \dfrac{1}{(x+1)^2}$

(4) $y' = \dfrac{(x^2+1) - x \cdot 2x}{(x^2+1)^2} = \dfrac{-x^2+1}{(x^2+1)^2}$

(5) $y' = \dfrac{2x}{x^2+3}$ (6) $y' = \dfrac{\cos x}{\sin x}$

A-2 (1) $f'(a) = 2a(a^2+2) + 2a(a^2+1) = 4a^3 + 6a$

(2) $f'(\alpha) = 2\alpha(\alpha^2+2)(\alpha^2+3) + 2\alpha(\alpha^2+1)(\alpha^2+3) + 2\alpha(\alpha^2+1)(\alpha^2+2)$
$= 2\alpha(3\alpha^4 + 12\alpha^2 + 11)$

(3) $f'(t) = -\dfrac{2t+1}{(t^2+t+1)^2}$

(4) $f'(\xi) = \dfrac{2\xi(\xi^3+1) - \xi^2 \cdot 3\xi^2}{(\xi^3+1)^2} = \dfrac{-\xi^4 + 2\xi}{(\xi^3+1)^2}$

A-3 $y' = 3x^2,\ y'' = 6x,\ y''' = 6,\ y^{(4)} = 0$

A-4 $\dfrac{1}{x} = x^{-1}$ から，$y' = -x^{-2},\ y'' = (-1)^2 2 \times 1 x^{-3}$，
$y''' = (-1)^3 3 \times 2 \times 1 x^{-4} = (-1)^3 3!\, x^{-4},\ \cdots,\ y^{(4)} = (-1)^4 4!\, x^{-5},\ \cdots,\ y^{(n)} = (-1)^n \cdot n!\, x^{-(n+1)}$ （正式には数学的帰納法）

B-1 (1) $\dfrac{dy}{dx} = \dfrac{1}{\sqrt{1-(x^2)^2}} \cdot 2x = \dfrac{2x}{\sqrt{1-x^4}}$ (2) $\dfrac{dy}{dx} = \dfrac{-\sin x}{1+\cos^2 x}$

(3) $\dfrac{dy}{dx} = \dfrac{dy/dt}{dx/dt} = \dfrac{-3\sin 3t}{2\cos 2t}$

(4) $\dfrac{dy}{dx} = \dfrac{dy/dt}{dx/dt} = \dfrac{6t(1+t^3) - 9t^4}{(1+t^3)^2} \bigg/ \dfrac{3(1+t^3) - 9t^3}{(1+t^3)^2} = \dfrac{-3t^4 + 6t}{-6t^3 + 3} = \dfrac{t^4 - 2t}{2t^3 - 1}$

B-2 (1) $y' = \cos x,\ y'' = -\sin x,\ y''' = -\cos x,\ y^{(4)} = \sin x$

(2) $y' = \cos x = \sin(x + \pi/2)$
$y'' = \cos(x + \pi/2) = \sin(x + 2\pi/2)$
$y^{(n)} = \sin(x + n\pi/2)$ （詳しくは数学的帰納法による）

B-3 (1) $y' = -\sin x,\ y'' = -\cos x,\ y''' = \sin x,\ y^{(4)} = \cos x$

(2) $y' = -\sin x = \cos(x + \pi/2),\ y'' = -\sin(x + \pi/2) = \cos(x + 2\pi/2)$
$y^{(n)} = \cos(x + n\pi/2)$　（詳しくは数学的帰納法による）

B-4 (1) $y' = e^x \sin x + e^x \cos x,\ y'' = e^x \sin x + 2e^x \cos x - e^x \sin x$
　　∴　$y'' = 2e^x \cos x$

(2) $y' = e^x \sin x + e^x \cos x = e^x(\sin x + \cos x)$
$= \sqrt{2} e^x \left(\sin x \cos \dfrac{\pi}{4} + \cos x \sin \dfrac{\pi}{4} \right) = \sqrt{2} e^x \sin \left(x + \dfrac{\pi}{4} \right)$

$y'' = (\sqrt{2})^2 e^x \left\{ \sin \left(x + \dfrac{\pi}{4} \right) \cos \dfrac{\pi}{4} + \cos \left(x + \dfrac{\pi}{4} \right) \sin \dfrac{\pi}{4} \right\}$

$= (\sqrt{2})^2 e^x \sin \left(x + 2 \cdot \dfrac{\pi}{4} \right)$

よって，$y^{(n)} = (\sqrt{2})^n e^x \sin \left(x + n \cdot \dfrac{\pi}{4} \right)$　（詳しくは数学的帰納法による）

第 2 章の演習問題

A-2-1 (1) $\displaystyle \lim_{x \to -2} \dfrac{(x+2)(x^2 - 2x + 4)}{x+2} = \lim_{x \to -2} (x^2 - 2x + 4) = 12$

(2) $\displaystyle \lim_{x \to 0} \dfrac{\tan 3x}{\sin 2x} = \dfrac{3}{2} \cdot \lim_{x \to 0} \left\{ \dfrac{\tan 3x}{3x} \Big/ \dfrac{\sin 2x}{2x} \right\} = \dfrac{3}{2}$

A-2-2　I. $f(x)$ が a で連続であるとき，$\displaystyle \lim_{x \to a} f(x) = f(a)$ であるから，命題は正しい．

II. $f(x)$ が a で不連続であるとき，$\displaystyle \lim_{x \to a} f(x) \neq f(a)$ であるから，命題は正しくない．

A-2-3　$f(x) = x^3 - 2x + 2$ とおく．$f(x)$ は $-\infty < x < \infty$ で連続関数であり，$f(-2) = -2 < 0,\ f(-1) = 3 > 0$．さらに，$f'(x) = 3x^2 - 2$ は区間 $(-2, -1)$ では $f'(x) > 0$ である．これは，この区間で増加関数であることを示しているから，$f(x) = 0$ は区間 $(-2, -1)$ の中にただ 1 つの実数解をもつ．

A-2-4 (1) $y = (x-1)^2 (x+2)^3$　∴　$y' = 2(x-1)(x+2)^3 + 3(x-1)^2(x+2)^2$
　　∴　$y' = (x-1)(x+2)^2(5x+1)$

(2) $y' = \dfrac{2x(x-1) - (x^2 + 3)}{(x-1)^2} = \dfrac{x^2 - 2x - 3}{(x-1)^2}$

(3) $y' = -2x + \log x + x \cdot \dfrac{1}{x} = -2x + 1 + \log x$

(4) $y' = \left(\dfrac{1}{\cos x} \right)' = \dfrac{\sin x}{\cos^2 x}$

B-2-1 (1) 与式 $= \dfrac{1}{3} \displaystyle\lim_{x \to 0} \dfrac{3}{x}(e^{x/3} - 1) = \dfrac{1}{3}$

(2) 与式 $= -\dfrac{2}{3} \displaystyle\lim_{x \to 0} \left\{ \dfrac{e^{2x} - 1}{2x} \cdot \dfrac{1}{\log(1 - 3x)/(-3x)} \right\} = -\dfrac{2}{3}$

B-2-2 $[a, b]$ 内のどんな無理数 α に対しても，$[a, b]$ 内の有理数からなる点列 $\{p_n\}$ で，$\lim_{n\to\infty} p_n = \alpha$ となるものが存在する．仮定から，$f(p_n) = 0$ であり，$f(x)$ は連続関数である．よって，$0 = \lim_{n\to\infty} f(p_n) = f(\lim_{n\to\infty} p_n) = f(\alpha)$ $\therefore$ $f(\alpha) = 0$

B-2-3 与式 $= \lim_{h\to 0}\left\{\dfrac{f(x_0+h)-f(x_0)}{h} + \dfrac{f(x_0-h)-f(x_0)}{-h}\right\}$
$= f'(x_0) + f'(x_0) = 2f'(x_0)$

B-2-4 (1) $y' = \{(x^4-3x+2)^{1/3}\}' = \dfrac{1}{3}(x^4-3x+2)^{-2/3}\cdot(4x^3-3)$

(2) $\log y = \dfrac{1}{x}\log x$ $\therefore$ $\dfrac{y'}{y} = -\dfrac{1}{x^2}\log x + \dfrac{1}{x^2}$ $\therefore$ $y' = x^{(1/x-2)}(1-\log x)$

(3) $y' = -\dfrac{1}{\sqrt{1-\left(\dfrac{1}{x}\right)^2}}\left(-\dfrac{1}{x^2}\right) = \dfrac{1}{|x|\sqrt{x^2-1}}$

(4) $\dfrac{dy}{dx} = \dfrac{dy/dt}{dx/dt} = -\dfrac{\sin t}{2\cos 2t}$

練習問題 3-1

A-1 (1) $f(x) = \dfrac{1}{1-x} = (1-x)^{-1}$ とおく．
$f'(x) = (1-x)^{-2}$, $f''(x) = 2\cdot 1(1-x)^{-3}$, $\cdots$
$f^{(n)}(x) = n\cdot(n-1)\cdots 2\cdot 1(x-1)^{-(n+1)}$, $\cdots$
$f'(0) = 1$, $f''(0) = 2!$, $\cdots$, $f^{(n)}(0) = n!$, $\cdots$
$\therefore$ $\dfrac{1}{1-x} = 1 + x + x^2 + \cdots + x^{n-1} + \cdots$

$$\begin{array}{r}1+x+x^2\\ 1-x\overline{)1}\\ 1-x\\ \hline x\\ x-x^2\\ \hline x^2\\ x^2-x^3\\ \hline x^3\end{array}$$

(2) $f(x) = \log(1+x)$ とおく．$f'(x) = \dfrac{1}{1+x} = (1+x)^{-1}$, $f''(x) = -(1+x)^{-2}$, $\cdots$, $f^{(n)}(x) = (-1)^{n-1}(n-1)!(1+x)^{-n}$, $\cdots$

$\therefore$ $\log(1+x) = x - \dfrac{x^2}{2} + \dfrac{x^3}{3} - \dfrac{x^4}{4} + \cdots + (-1)^{n-1}\dfrac{x^n}{n} + \cdots$

A-2 (1) $\sqrt{1+x} = (1+x)^{1/2}$ から
$\sqrt{1+x} = 1 + \binom{1/2}{1}x + \binom{1/2}{2}x^2 + \cdots + \binom{1/2}{n}x^n + \cdots$
$= 1 + \dfrac{1}{2}x + \dfrac{1/2(1/2-1)}{2!}x^2 + \dfrac{1/2(1/2-1)(1/2-2)}{3!}x^3 + \cdots$
$= 1 + \dfrac{1}{2}x - \dfrac{1}{8}x^2 + \dfrac{1}{16}x^3 - \cdots$

(2) $\sqrt[3]{1-x} = (1-x)^{1/3}$ から

$$\sqrt[3]{1-x} = 1 + \binom{1/3}{1}(-x) + \binom{1/3}{2}(-x)^2 + \cdots + \binom{1/3}{n}(-x)^n + \cdots$$

$$= 1 - \frac{1}{3}x + \frac{1/3(1/3-1)}{2!}x^2 - \frac{1/3(1/3-1)(1/3-2)}{3!}x^3 + \cdots$$

$$= 1 - \frac{1}{3}x - \frac{1}{9}x^2 - \frac{5}{81}x^3 + \cdots$$

B-1 (1) $\left(\dfrac{1}{1-x}\right)' = \dfrac{1}{(1-x)^2}$ と A-1 の (1) を x の代わりに $2x$ を代入して用いると,

$$\frac{1}{(1-2x)^2} = 1 + 2\cdot(2x) + 3(2x)^2 + \cdots + n(2x)^{n-1} + \cdots$$

(2) A-1 の (2) の x の代わりに $2x$ を代入すると,

$$\log(1+2x) = 2x - \frac{(2x)^2}{2} + \frac{(2x)^3}{3} - \frac{(2x)^4}{4} + \cdots + (-1)^{n-1}\frac{(2x)^n}{n} + \cdots$$

B-2 (1) $(1+x)^{3/2} = 1 + \binom{3/2}{1}x + \binom{3/2}{2}x^2 + \binom{3/2}{3}x^3 + \cdots$

(2) $\log(1+x+x^2) = (x+x^2) - \dfrac{(x+x^2)^2}{2} + \dfrac{(x+x^2)^3}{3} + \cdots$

$$= x + x^2 - \frac{x^2 + 2x^3 + x^4}{2} + \frac{x^3}{3} + \cdots = x + \frac{x^2}{2} - \frac{2}{3}x^3 + \cdots$$

(3) $\tan^{-1} x = f(x)$ とおくと, $f'(x) = \dfrac{1}{1+x^2}$ ∴ $(1+x^2)f'(x) = 1$

この両辺をそれぞれ x で微分すると, $(1+x^2)f''(x) + 2xf'(x) = 0$
$(1+x^2)f'''(x) + 4xf''(x) + 2f'(x) = 0$

∴ $f(0) = 0, \ f'(0) = 1, \ f''(0) = 0, \ f'''(0) = -2$

∴ $\tan^{-1} x = x + \dfrac{(-2)}{3!}x^3 + \cdots = x - \dfrac{2}{3}x^3 + \cdots$

(4) $e^x = 1 + x + \dfrac{x^2}{2} + \dfrac{x^3}{6} + \cdots, \ \sin x = x - \dfrac{x^3}{6} + \cdots$

∴ $e^x \sin x = \left(1 + x + \dfrac{x^2}{2} + \cdots\right)\cdot\left(x - \dfrac{x^3}{6} + \cdots\right)$

∴ $e^x \sin x = x + x^2 + \dfrac{x^3}{3} + \cdots$

練習問題 3-2

A-1 $f'(c) = 2c - 4 = 0$ ∴ $c = 2 \ (0 < 2 < 4)$

A-2 $\dfrac{f(3)-f(1)}{3-1} = \dfrac{9-1}{2} = 4$ から $2c = 4$ ∴ $c = 2$

A-3 (1) 与式 $= \lim_{x \to 0} \dfrac{e^x - 1}{2x} = \lim_{x \to 0} \dfrac{e^x}{2} = \dfrac{1}{2}$

(2) 与式 $= \lim_{x \to 0} \left(1 - \dfrac{1}{1+x}\right) \Big/ 2x = \lim_{x \to 0} \left(\dfrac{1}{1+x}\right)^2 \Big/ 2 = \dfrac{1}{2}$

B-1 $F(x) = f(x) - g(x)$ とおき，75 頁の④を適用する．

B-2 $\dfrac{f(e) - f(1)}{e - 1} = \dfrac{1}{e - 1}$ よって，$f'(x) = \dfrac{1}{x}$ から，$\dfrac{1}{e - 1} = \dfrac{1}{c}$ $\therefore$ $c = e - 1$

B-3 (1) 与式 $= \lim_{x \to \infty} \dfrac{nx^{n-1}}{e^x} = \lim_{x \to \infty} \dfrac{n(n-1)x^{n-2}}{e^x} = \cdots = \lim_{x \to \infty} \dfrac{n!}{e^x} = 0$

(2) 与式 $= \lim_{x \to 0} \dfrac{1 - \cos x}{3x^2} = \lim_{x \to 0} \dfrac{\sin x}{6x} = \lim_{x \to 0} \dfrac{\cos x}{6} = \dfrac{1}{6}$

練習問題 3-3

A-1 (1) $y' = 3(x+1)(x-1)$, $y'' = 6x$

x		-1		0		1	
y'	$+$	0	$-$	$-$	$-$	0	$+$
y''	$-$	$-$	$-$	0	$+$	$+$	$+$
y	↗	2	↘	0	↘	-2	↗

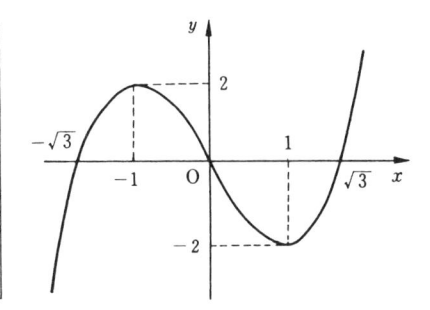

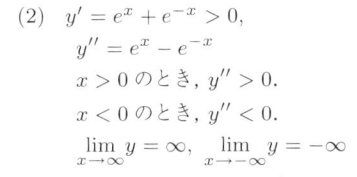

(2) $y' = e^x + e^{-x} > 0$,
$y'' = e^x - e^{-x}$
$x > 0$ のとき，$y'' > 0$．
$x < 0$ のとき，$y'' < 0$．
$\lim_{x \to \infty} y = \infty$, $\lim_{x \to -\infty} y = -\infty$

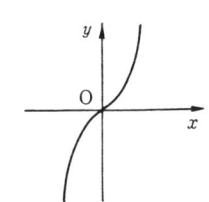

A-2 次に描かれている図のように，原点 O を中心とし，半径が r の円周上の点 P(x, y) に対し，三平方の定理から，$x^2 + y^2 = r^2$ $(0 < x < r, 0 < y < r)$ が成り立つ．内接する長方形の面積を S とすると，$S = 4xy$ $\therefore$ $S = 4x\sqrt{r^2 - x^2}$

184   問題の解答

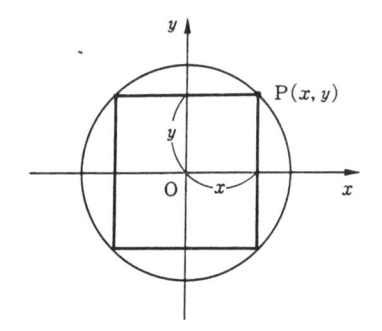

x	0		$\dfrac{r}{\sqrt{2}}$		r
y'		$+$	0	$-$	
y		↗		↘	

この S の最大値を与える x の値と，S^2 の最大値を与える x の値とは同じである．
$$f(x) = S^2 = 16x^2(r^2 - x^2) \quad \therefore \quad f'(x) = -64x\left(x + \dfrac{r}{\sqrt{2}}\right)\left(x - \dfrac{r}{\sqrt{2}}\right)$$
よって，増減表は前の右のようになるから，S が最大になる x の値は $x = r/\sqrt{2}$．
$\therefore\ y = r/\sqrt{2}$．よって，$S$ 最大にするのは $x = y$ であるから，正方形である．

B-1 (1) $y' = x - \dfrac{1}{x^2} = \dfrac{x^3 - 1}{x^2}$, $y'' = 1 + \dfrac{2}{x^3} = \dfrac{x^3 + 2}{x^3}$

x		$-\sqrt[3]{2}$		0		1	
y'	$-$	$-$	$-$	/	$-$	0	$+$
y''	$+$	0	$-$	/	$+$	$+$	$+$
y	↘	0	↘	/	↘	$\dfrac{3}{2}$	↗

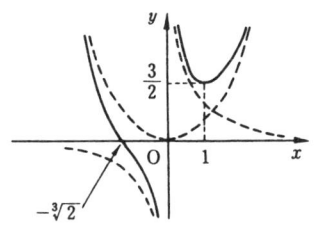

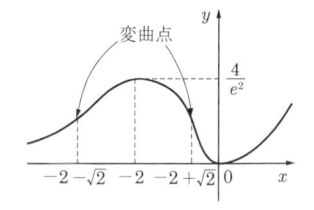

(2) $y' = 2xe^x + x^2 e^x = e^x x(x+2)$
$\qquad y'' = e^x(x^2 + 4x + 2) = e^x\{x - (-2 - \sqrt{2})\}\{x - (-2 + \sqrt{2})\}$
$\alpha = -2 - \sqrt{2},\ \beta = -2 + \sqrt{2}$ とおくと，

x	$\cdots$	α	$\cdots$	-2	$\cdots$	β	$\cdots$	0	$\cdots$
y'	$+$	$+$	$+$	0	$-$	$-$	$-$	0	$+$
y''	$+$	0	$-$	$-$	$-$	0	$+$	$+$	$+$
y	↗	変曲点	↗	極大	↘	変曲点	↘	極小	↗

$$\lim_{x \to \infty} x^2 e^x = \infty,\ \lim_{x \to -\infty} x^2 e^x = \lim_{x \to -\infty} \dfrac{x^2}{e^{-x}} = \lim_{x \to -\infty} \dfrac{2x}{-e^{-x}} = \lim_{x \to -\infty} \dfrac{2}{e^{-x}} = 0$$
$f(x) = x^2 e^x$ とおくと，極小値 $f(0) = 0$，極大値 $f(-2) = 4e^{-2}$

第 3 章の演習問題

A-3-1 (1) 与式 $= \lim\limits_{x \to 2} \dfrac{4x^3 - 6x^2 + 4x - 1}{1} = 15$ (2) 与式 $= \lim\limits_{x \to 1} \dfrac{1}{x} \Big/ 1 = 1$

A-3-2 (1) $y' = e^x - e^{-x},\ y'' = e^x + e^{-x},\ y''' = e^x - e^{-x}, y^{(4)} = e^x + e^{-x},\ \cdots$

$$\therefore\ e^x + e^{-x} = 2\left(1 + \dfrac{1}{2!}x^2 + \dfrac{1}{4!}x^4 + \dfrac{1}{6!}x^6 + \cdots\right)$$

(2) $\sin x^2 = x^2 - \dfrac{1}{3!}x^6 + \dfrac{1}{5!}x^{10} - \dfrac{1}{7!}x^{14} + \cdots$

A-3-3 (1) $y' = 3(x+3)(x-1),\qquad y'' = 6(x+1)$

x		-3		-1		1	
y'	$+$	0	$-$	$-$	$-$	0	$+$
y''	$-$	$-$	$-$	0	$+$	$+$	$+$
y	↗		↘		↘		↗

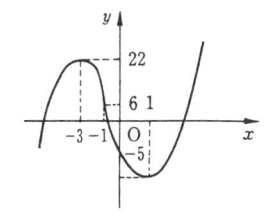

(2) $y' = 2x(x+1)(x-1)\qquad y'' = 2(3x^2 - 1)$

x		-1		$-\dfrac{1}{\sqrt{3}}$		0		$\dfrac{1}{\sqrt{3}}$		1	
y'	$-$	0	$+$	$+$	$+$	0	$-$	$-$	$-$	0	$+$
y''	$+$	$+$	$+$	0	$-$	$-$	$-$	0	$+$	$+$	$+$
y	↘		↗		↗		↘		↘		↗

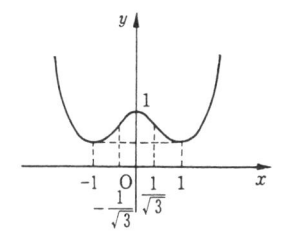

B-3-1 (1) $\lim\limits_{x \to 0}\left\{\left(\dfrac{-3\sin 3x}{\cos 3x}\right)\Big/\left(\dfrac{-2\sin 2x}{\cos 2x}\right)\right\}$

$= \lim\limits_{x \to 0}\left\{\dfrac{9}{4} \cdot \dfrac{\sin 3x}{3x} \cdot \dfrac{2x}{\sin 2x} \cdot \dfrac{\cos 2x}{\cos 3x}\right\} = \dfrac{9}{4}$

(2) $\lim\limits_{x \to 0} \dfrac{e^x - e^{-x}}{2x} = \lim\limits_{x \to 0} \dfrac{e^x + e^{-x}}{2} = 1$

B-3-2 (1) $y' = x^{-1},\ y'' = -x^{-2},\ y''' = (-1)^2 2!\, x^{-3},\ y^{(4)} = (-1)^3 3!\, x^{-4}, \cdots$

$$\therefore\ y = (x-1) - \dfrac{(x-1)^2}{2} + \dfrac{(x-1)^3}{3} - \dfrac{(x-1)^4}{4} + \cdots + (-1)^{n-1} \cdot \dfrac{(x-1)^n}{n} + \cdots$$

(2) $(e^x)' = e^x$ から, $(e^x)^{(n)} = e^x$

$$\therefore\ e^x = e + e(x-1) + \dfrac{e}{2!}(x-1)^2 + \dfrac{e}{3!}(x-1)^3 + \cdots = e\sum_{n=0}^{\infty} \dfrac{(x-1)^n}{n!}$$

B - 3 - 3 (1) $y' = \left(\dfrac{e^x + e^{-x}}{2}\right)' = \dfrac{e^x - e^{-x}}{2}$

$y'' = \dfrac{e^x + e^{-x}}{2} > 0$

$x < 0$ のとき $y' < 0$, $x > 0$ のとき $y' > 0$

(2) $y' = -2xe^{-x^2}$

$y'' = 2(2x^2 - 1)e^{-x^2}$, $\lim\limits_{x \to \pm\infty} y = 0$

x		$-\dfrac{1}{\sqrt{2}}$		0		$\dfrac{1}{\sqrt{2}}$	
y'	+	+	+	0	−	−	−
y''	+	0	−	−	−	0	+
y	↗		↗		↘		↘

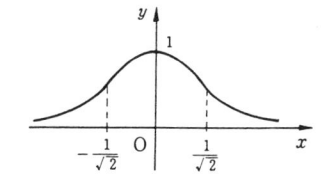

練習問題 4 - 1

A - 1 (1) $\displaystyle\int_0^2 x^3 dx = \left[\dfrac{x^4}{4}\right]_0^2 = 4 - 0 = 4$ (2) $\displaystyle\int_a^b x dx = \left[\dfrac{x^2}{2}\right]_a^b = \dfrac{b^2 - a^2}{2}$

A - 2 (1) $\displaystyle\int_1^2 (x^2 + 2x^3)dx = \left[\dfrac{x^3}{3} + \dfrac{2x^4}{4}\right]_1^2 = \left(\dfrac{8}{3} + 8\right) - \left(\dfrac{1}{3} + \dfrac{1}{2}\right) = \dfrac{59}{6}$

(2) $\displaystyle\int_1^2 (5x^3 - 4x^2 - 3)dx = \left[\dfrac{5x^4}{4} - \dfrac{4x^3}{3} - 3x\right]_1^2 = \dfrac{10}{3} + \dfrac{37}{12} = \dfrac{77}{12}$

B - 1 (1) $\displaystyle\int_1^2 \dfrac{1}{x} dx = [\log|x|]_1^2 = \log 2 - \log 1 = \log 2$

(2) $\displaystyle\int_0^\pi (e^x - \cos x)dx = [e^x - \sin x]_0^\pi = e^\pi - 1$

B - 2 $\displaystyle\int_0^2 (x^2 - x)dx = \left[\dfrac{x^3}{3} - \dfrac{x^2}{2}\right]_0^2 = \dfrac{8}{3} - 2 = \dfrac{2}{3}$

$\displaystyle\int_0^2 |x^2 - x|dx = \int_0^1 \{-(x^2 - x)\}dx + \int_1^2 (x^2 - x)dx$

$= \left[-\dfrac{x^3}{3} + \dfrac{x^2}{2}\right]_0^1 + \left[\dfrac{x^3}{3} - \dfrac{x^2}{2}\right]_1^2 = \dfrac{1}{6} + \dfrac{2}{3} + \dfrac{1}{6} = 1$

$\therefore \displaystyle\int_0^2 (x^2 - x)dx \leqq \int_0^2 |x^2 - x|dx$

練習問題 4 – 2

A - 1 (1) $\displaystyle\int x^5 dx = \frac{x^6}{6}$ (2) $\displaystyle\int e^t dt = e^t$

(3) $\displaystyle\int \sin a\, da = -\cos a$ (4) $\displaystyle\int \cos\alpha\, d\alpha = \sin\alpha$

A - 2 (1) $\displaystyle\int \frac{1}{\sqrt{2^2-x^2}}dx = \sin^{-1}\frac{x}{2}$ (2) $\displaystyle\int \frac{1}{3^2+t^2}dt = \frac{1}{3}\tan^{-1}\frac{t}{3}$

(3) $\displaystyle\int \frac{1}{\sqrt{a^2+5}}da = \log(a+\sqrt{a^2+5})$ (4) $\displaystyle\int \frac{4b^3+2b}{b^4+b^2+1}db = \log(b^4+b^2+1)$

A - 3 (1) $\displaystyle\int (e^x+\sin x+\cos x)dx = e^x - \cos x + \sin x$

(2) $\displaystyle\int \frac{1}{\cos^2 t}dt = \tan t$

B - 1 (1) $\displaystyle\int \sqrt{x^2+3}\, dx = \frac{1}{2}\{x\sqrt{x^2+3}+3\log|x+\sqrt{x^2+3}|\}$

(2) $\displaystyle\int \sqrt{2^2-x^2}\, dx = \frac{1}{2}\left\{x\sqrt{4-x^2}+4\sin\frac{x}{2}\right\}$

(3) $\displaystyle\int (3x+2)^3 dx = \frac{1}{3}\cdot\frac{1}{4}(3x+2)^4$

(4) $\displaystyle\int x\log x\, dx = \frac{x^2}{2}\log x - \int \frac{x}{2}dx = \frac{x^2}{2}\log x - \frac{x^2}{4}$

B - 2 (1) $\displaystyle\int x^2(x^3+1)^5 dx = \frac{1}{3}\int (x^3+1)^5(x^3+1)'dx = \frac{1}{3}\cdot\frac{1}{6}(x^3+1)^6 = \frac{1}{18}(x^3+1)^6$

(2) $\displaystyle\int (\log x)^2 dx = x(\log x)^2 - 2\int x(\log x)\cdot\frac{1}{x}dx = x(\log x)^2 - 2\int \log x\, dx$

$\displaystyle = x(\log x)^2 - 2\left\{x\log x - \int dx\right\} = x(\log x)^2 - 2x\log x + 2x$

(3) $\displaystyle \frac{2x+4}{x^3-1} = \frac{2x+4}{(x-1)(x^2+x+1)} = \frac{a}{x-1} + \frac{bx+c}{x^2+x+1}$ とおく．

分母を払って，$2x+4 = a(x^2+x+1) + (x-1)(bx+c)$

$x=1$ のとき，$a=2$, $x=0$ のとき $c=-2$, x の係数を比較して $b=-2$

$$\therefore \int \frac{2x+4}{x^3-1}dx = \int \frac{2}{x-1}dx - \int \frac{2x+1}{x^2+x+1}dx - \int \frac{1}{x^2+x+1}dx$$

$$= 2\log|x-1| - \log(x^2+x+1) - \frac{2}{\sqrt{3}}\tan^{-1}\frac{x+1/2}{\sqrt{3}/2}$$

$$\left(\because \ x^2+x+1 = \left(x+\frac{1}{2}\right)^2 + \frac{3}{4}\right)$$

(4) $I = \displaystyle\int e^x \sin x\, dx = e^x \sin x - \int e^x \cos x\, dx$

$$= e^x \sin x - e^x \cos x - \int e^x \sin x\, dx = e^x(\sin x - \cos x) - I$$

$$\therefore \ I = \frac{1}{2}e^x(\sin x - \cos x)$$

B - 3 (1) $\tan\dfrac{t}{2} = u$ とおく. $\sin t = \dfrac{2u}{1+u^2}$, $dt = \dfrac{2}{1+u^2}du$

$$\therefore \int \frac{1}{1+\sin t}dt = \int \frac{1}{1+\dfrac{2u}{1+u^2}} \cdot \frac{2}{1+u^2}du = 2\int \frac{1}{(u+1)^2}du$$

$$= 2 \cdot \frac{1}{-2+1} \cdot \frac{1}{u+1} = -2 \cdot \frac{1}{1+u} = \frac{-2}{1+\tan\dfrac{t}{2}}$$

(2) $I_{3,3} = \displaystyle\int \sin^3 x \cos^3 x\, dx = \frac{\sin^4 x \cos^2 x}{6} + \frac{2}{6}I_{3,1}$

ここで, $I_{3,1} = \displaystyle\int \sin^3 x \cos x\, dx = \frac{\sin^4 x}{4}$

$$\therefore \int \sin^3 x \cos^3 x\, dx = \frac{1}{6}\sin^4 x \cos^2 x + \frac{1}{3} \cdot \frac{1}{4}\sin^4 x$$

第 4 章の演習問題

A - 4 - 1 (1) $\dfrac{d}{dx}\displaystyle\int_0^x \sin t\, dt = \sin x$ (2) $\dfrac{d}{dx}\displaystyle\int_x^2 e^u du = -\dfrac{d}{dx}\displaystyle\int_2^x e^u du = -e^x$

A - 4 - 2 (1) $\dfrac{x}{(x+2)(x-3)} = \dfrac{a}{x+2} + \dfrac{b}{x-3}$ とおき, $x = a(x-3) + b(x+2)$

$x = -2$ とおくと, $a = \dfrac{2}{5}$, $x = 3$ とおくと, $b = \dfrac{3}{5}$

$$\therefore \quad \int \frac{x}{(x+2)(x-3)}dx = \frac{2}{5}\int \frac{1}{x+2}dx + \frac{3}{5}\int \frac{1}{x-3}dx$$
$$= \frac{2}{5}\log|x+2| + \frac{3}{5}\log|x-3|$$

(2) $\displaystyle \int \frac{1}{x^2+2x+5}dx = \int \frac{1}{(x+1)^2+2^2}dx = \frac{1}{2}\tan^{-1}\frac{(x+1)}{2}$

(3) $\displaystyle \frac{x^2-x}{(x+2)(x+1)(x-3)} = \frac{a}{x+2} + \frac{b}{x+1} + \frac{c}{x-3}$

$$\therefore \quad x^2 - x = a(x+1)(x-3) + b(x+2)(x-3) + c(x+2)(x+1)$$

$x = -2$ とおくと, $(-2)^2 - (-2) = a(-1)(-5)$ $\quad \therefore \quad a = \dfrac{6}{5}$

$x = -1$ とおくと, $(-1)^2 - (-1) = b \cdot 1 \cdot (-4)$ $\quad \therefore \quad b = -\dfrac{1}{2}$

$x = 3$ とおくと, $3^2 - 3 = c \cdot 5 \cdot 4$ $\quad \therefore \quad c = \dfrac{3}{10}$

$$\therefore \quad \frac{6}{5}\int \frac{1}{x+2}dx - \frac{1}{2}\int \frac{1}{x+1}dx + \frac{3}{10}\int \frac{1}{x-3}dx$$
$$= \frac{6}{5}\log|x+2| - \frac{1}{2}\log|x+1| + \frac{3}{10}\log|x-3|$$

(4) $\displaystyle \frac{1}{(x^2+1)(x^2+4)} = \frac{a}{(x^2+1)} + \frac{b}{(x^2+4)}$ とおくと,

$a(x^2+4) + b(x^2+1) = 1$ 係数を比較して, $a = \dfrac{1}{3}, \ b = -\dfrac{1}{3}$

$$\therefore \quad \int \frac{1}{(x^2+1)(x^2+4)}dx = \frac{1}{3}\int \frac{1}{x^2+1}dx - \frac{1}{3}\int \frac{1}{x^2+2^2}dx$$
$$= \frac{1}{3}\tan^{-1}x - \frac{1}{6}\tan^{-1}\frac{x}{2}$$

A-4-3 (1) $t = \log x$ とおく.

$$\therefore \quad \int \frac{(\log x)^2}{x}dx = \int t^2 dt = \frac{1}{3}t^3 = \frac{1}{3}(\log x)^3$$

(2) $t = x^2 + 1$ とおくと, $dt = 2xdx$

$$\therefore \quad 2\int x\sqrt{x^2+1}dx = \int t^{1/2}dt = \frac{1}{1+\dfrac{1}{2}}t^{3/2} = \frac{2}{3}(x^2+1)^{3/2}$$

(3) $\displaystyle \int x(\log x)^2 dx = \frac{x^2}{2}(\log x)^2 - \int x(\log x)dx$

$$= \frac{x^2}{2}(\log x)^2 - \frac{x^2}{2}\log x + \frac{1}{2}\int x dx = \frac{x^2}{2}(\log x)^2 - \frac{x^2}{2}\log x + \frac{x^2}{4}$$

$$= \frac{x^2}{4}\{2(\log x)^2 - 2\log x + 1\}$$

(4) $\int x^2 \cos x dx = x^2 \sin x - 2\int x \sin x dx = x^2 \sin x + 2x\cos x - 2\int \cos x dx$

$$= x^2 \sin x + 2x\cos x - 2\sin x$$

B - 4 - 1 (1) $\dfrac{d}{dx}\displaystyle\int_a^{x^2}\cos t dt = \left(\dfrac{d}{dx^2}\displaystyle\int_a^{x^2}\cos t dt\right)\dfrac{dx^2}{dx} = (\cos x^2)\cdot 2x = 2x\cos x^2$

(2) $\dfrac{d}{dx}\displaystyle\int_{h(x)}^{g(x)} f(t)dt = \left(\dfrac{d}{dg(x)}\displaystyle\int_0^{g(x)} f(t)dt\right)\dfrac{dg(x)}{dx} - \left(\dfrac{d}{dh(x)}\displaystyle\int_0^{h(x)} f(t)dt\right)\dfrac{dh(x)}{dx}$

$$= f(g(x))\cdot g'(x) - f(h(x))\cdot h'(x)$$

B - 4 - 2 (1) $\dfrac{2x+3}{x^2+4x+5} = \dfrac{2x+4}{x^2+4x+5} - \dfrac{1}{(x+2)^2+1^2}$ から

$$\int \frac{2x+3}{x^2+4x+5}dx = \log(x^2+4x+5) - \tan^{-1}(x+2)$$

(2) $\dfrac{9}{(x-1)^2(x+2)} = \dfrac{a}{(x-1)^2} + \dfrac{b}{x-1} + \dfrac{c}{x+2}$ とおく

$9 = a(x+2) + b(x-1)(x+2) + c(x-1)^2$

$x = 1$ とおくと, $9 = 3a$ ∴ $a = 3$

$x = -2$ とおくと, $9 = 9c$ ∴ $c = 1$

x^2 の係数を比較すると, $b + c = 0$ ∴ $b = -1$

$$∴ \int \frac{9}{(x-1)^2(x+2)}dx = 3\int \frac{1}{(x-1)^2}dx - \int \frac{1}{x-1}dx + \int \frac{1}{x+2}dx$$

$$= -3(x-1)^{-1} - \log|x-1| + \log|x+2|$$

(3) $t = \sqrt{1+x}$ とおくと, $t^2 = 1+x$ ∴ $x = t^2 - 1$ ∴ $dx = 2tdt$

$$∴ \int \frac{1}{x\sqrt{1+x}}dx = \int \frac{1}{(t^2-1)t} 2t dt$$

$$∴ \int \frac{2}{t^2-1}dt = \int \frac{1}{t-1}dt - \int \frac{1}{t+1}dt$$

$$∴ \int \frac{1}{x\sqrt{1+x}}dx = \log|t-1| - \log|t+1|$$

$$= \log\left|\frac{t-1}{t+1}\right| = \log\left|\frac{-1+\sqrt{1+x}}{1+\sqrt{1+x}}\right|$$

(4) $\int \tan^4 x dx = \int \tan^2 x \tan^2 x dx = \int \tan^2 x \left(\frac{1}{\cos^2 x} - 1\right)dx$

$$= \int \tan^2 x \frac{1}{\cos^2 x} dx - \int \tan^2 x dx = \frac{\tan^3 x}{3} - \int \left(\frac{1}{\cos^2 x} - 1 \right) dx$$

$$= \frac{\tan^3 x}{3} - \tan x + x$$

B-4-3 (1) $t = x^2 + a^2$ とおく. $dt = 2xdx$

$$\therefore \int \frac{x}{(x^2+a^2)^n} dx = \frac{1}{2} \int \frac{1}{t^n} dt = \begin{cases} \frac{1}{2} \cdot \log|t| & (n=1) \\ \frac{1}{2} \cdot \frac{t^{-n+1}}{-n+1} & (n \geqq 2) \end{cases}$$

$$\therefore \int \frac{x}{(x^2+a^2)^n} dx = \begin{cases} \frac{1}{2} \log(x^2+a^2) & (n=1) \\ -\frac{1}{2(n-1)} \cdot \frac{1}{(x^2+a^2)^{n-1}} & (n \geqq 2) \end{cases}$$

(2) $I_n = \int \frac{1}{(x^2+a^2)^n} dx$ とおく.

(i) $n = 1$ のとき, $I_1 = \int \frac{1}{x^2+a^2} dx = \frac{1}{a} \tan^{-1} \frac{x}{a}$

(ii) $n \geqq 2$ のとき,

$$\frac{1}{(x^2+a^2)^n} = \frac{1}{a^2} \cdot \frac{x^2+a^2-x^2}{(x^2+a^2)^n} = \frac{1}{a^2} \left\{ \frac{1}{(x^2+a^2)^{n-1}} - \frac{x \cdot 2x}{2(x^2+a^2)^n} \right\}$$

$$\therefore I_n = \frac{1}{a^2} \left\{ I_{n-1} - \frac{1}{2} \int x \cdot \frac{2x}{(x^2+a^2)^n} dx \right\}$$

$$= \frac{1}{a^2} \left[I_{n-1} - \frac{1}{2} \left\{ x \cdot \frac{-1}{(n-1)(x^2+a^2)^{n-1}} + \frac{1}{n-1} I_{n-1} \right\} \right]$$

$$= \frac{1}{a^2} \left\{ \frac{x}{2(n-1)(x^2+a^2)^{n-1}} + \frac{2n-3}{2n-2} I_{n-1} \right\}$$

練習問題 5-1

A-1 (1) 与式 $= \left[\frac{x^4}{4} + \frac{x^3}{3} \right]_{-1}^{2} = \frac{27}{4}$ (2) 与式 $= \left[\frac{(2x+1)^4}{8} \right]_{-1}^{0} = 0$

(3) 与式 $= \left[\frac{(x-a)^2}{2} (x-b) \right]_a^b - \frac{1}{2} \int_a^b (x-a)^2 dx = -\frac{1}{2} \left[\frac{(x-a)^3}{3} \right]_a^b = -\frac{(b-a)^3}{6}$

(4) 与式 $= [\sin^{-1} x]_0^{1/2} = \sin^{-1} \frac{1}{2} = \frac{\pi}{6}$

(5) 与式 $= [\log|x + \sqrt{x^2+1}|]_0^1 = \log(1+\sqrt{2})$

(6) 与式 $= [\tan^{-1} x]_0^1 = \tan^{-1} 1 - \tan^{-1} 0 = \frac{\pi}{4}$

A - 2 (1) 与式 $= \dfrac{1}{2}\displaystyle\int_0^{2\pi} \{\sin(m+n)x + \sin(m-n)x\}dx = 0$

(2) $m \neq n$ のとき，与式 $= \dfrac{1}{2}\displaystyle\int_0^{2\pi} \{\cos(m+n)x + \cos(m-n)x\}dx = 0$

$m = n$ のとき，与式 $= \dfrac{1}{2}\displaystyle\int_0^{2\pi} (1 + \cos 2nx)dx = \dfrac{1}{2} \cdot 2\pi = \pi$

B - 1 (1) 与式 $= [x\tan^{-1} x]_0^1 - \displaystyle\int_0^1 x \cdot \dfrac{1}{1+x^2}dx = \dfrac{\pi}{4} - \dfrac{1}{2}\log 2$

(2) $\dfrac{4x-2}{x^3+1} = \dfrac{a}{x+1} + \dfrac{bx+c}{x^2-x+1}$ とおくと，$a = -2,\ b = 2,\ c = 0$

$\therefore$ 与式 $= -2\displaystyle\int_0^1 \dfrac{1}{x+1}dx + \int_0^1 \dfrac{2x-1}{x^2-x+1}dx + \int_0^1 \dfrac{1}{x^2-x+1}dx$

$= -2[\log|x+1|]_0^1 + [\log(x^2-x+1)]_0^1 + \displaystyle\int_0^1 \dfrac{1}{\left(x-\dfrac{1}{2}\right)^2 + \left(\dfrac{\sqrt{3}}{2}\right)^2}dx$

$= -2\log 2 + \left[\dfrac{2}{\sqrt{3}}\tan^{-1}\dfrac{2x-1}{\sqrt{3}}\right]_0^1 = -2\log 2 + \dfrac{2}{\sqrt{3}} \cdot \dfrac{\pi}{3}$

B - 2 $\alpha < 1$ のとき，
$$\int_0^a \dfrac{1}{x^\alpha}dx = \lim_{\varepsilon \to +0}\int_\varepsilon^a \dfrac{1}{x^\alpha}dx = \lim_{\varepsilon \to +0}\left[\dfrac{1}{-\alpha+1}x^{-\alpha+1}\right]_\varepsilon^a = \dfrac{1}{1-\alpha}a^{1-\alpha}$$

$\alpha = 1$ のとき，
$$\int_0^a \dfrac{1}{x^\alpha}dx = \lim_{\varepsilon \to +0}\int_\varepsilon^a \dfrac{1}{x}dx = \lim_{\varepsilon \to +0}[\log|x|]_\varepsilon^\alpha = \lim_{\varepsilon \to +0}(\log\alpha - \log\varepsilon) = \infty$$

$\alpha > 1$ のとき，
$$\int_0^a \dfrac{1}{x^\alpha}dx = \lim_{\varepsilon \to +0}\int_\varepsilon^a \dfrac{1}{x^\alpha}dx = \lim_{\varepsilon \to +0}\dfrac{1}{-\alpha+1}\left(\dfrac{1}{a^{\alpha-1}} - \dfrac{1}{\varepsilon^{\alpha-1}}\right) = \infty$$

B - 3 $x = \pi/2 - t$ とおくと，$dx = -dt$.
$$\int_0^{\pi/2} f(\sin x)dx = -\int_{\pi/2}^0 f(\sin(\pi/2 - t))dt = \int_0^{\pi/2} f(\cos t)dt$$

練習問題 5 - 2

A - 1 $\displaystyle\int_0^1 (\sqrt{x} - x^2)dx = \left[\dfrac{2}{3}x^{3/2} - \dfrac{x^3}{3}\right]_0^1 = \dfrac{1}{3}$

A - 2 $V = \pi\displaystyle\int_0^a y^2 dx = \pi\int_0^a \dfrac{e^{2x} + 2 + e^{-2x}}{4}dx = \dfrac{\pi}{8}(e^{2a} + 4a - e^{-2a})$

A - 3　$\dfrac{dr}{d\theta}=1$　$\therefore \displaystyle\int_0^1 \sqrt{r^2+\left(\dfrac{dr}{d\theta}\right)^2}d\theta = \int_0^1 \sqrt{1+\theta^2}d\theta = \dfrac{1}{2}\{\sqrt{2}+\log(1+\sqrt{2})\}$

B - 1　$\dfrac{1}{2}\displaystyle\int_0^{2\pi} r^2 d\theta = \dfrac{a^2}{2}\int_0^{2\pi}(1+2\cos\theta+\cos^2\theta)d\theta$

$\phantom{\text{B - 1}\quad}= \dfrac{a^2}{2}\left[\theta+2\sin\theta+\dfrac{\theta}{2}+\dfrac{\sin 2\theta}{4}\right]_0^{2\pi} = \dfrac{3}{2}\pi a^2$

B - 2　$V = \pi\displaystyle\int_{-r}^{r}\{(a+\sqrt{r^2-x^2})^2-(a-\sqrt{r^2-x^2})^2\}dx = 4a\pi\int_{-r}^{r}\sqrt{r^2-x^2}dx$

$\phantom{\text{B - 2}\quad}= 2a\pi^2 r^2$

B - 3　$\dfrac{dr}{d\theta}=-\sin\theta$　$\therefore l = \displaystyle\int_0^{2\pi}\sqrt{2(1+\cos\theta)}d\theta = 4\int_0^{\pi}\cos\dfrac{\theta}{2}d\theta = 8$

第 5 章の演習問題

A - 5 - 1　(1)　$\dfrac{1}{\sqrt{7}+1}$

(2)　与式 $= [\log|x-2|-\log|x-1|]_3^4 = \log\dfrac{4}{3}$

(3)　与式 $= \displaystyle\int_0^{\pi/4}\dfrac{1}{\cos^2 x}dx = [\tan x]_0^{\pi/4} = 1$

(4)　与式 $= \left[\sin^{-1}\dfrac{x}{3}\right]_0^3 = \sin^{-1}1 = \dfrac{\pi}{2}$

A - 5 - 2　(1)　与式 $= \displaystyle\int_0^1 e^{x\log 7}dx = \left[\dfrac{1}{\log 7}e^{x\log 7}\right]_0^1 = \dfrac{6}{\log 7}$

(2)　与式 $= \left[\dfrac{x^2}{2}\sin^{-1}x\right]_0^1 - \dfrac{1}{2}\displaystyle\int_0^1 x^2\cdot\dfrac{1}{\sqrt{1-x^2}}dx = \dfrac{\pi}{4}+\dfrac{1}{2}\int_0^1\dfrac{1-x^2-1}{\sqrt{1-x^2}}dx$

$= \dfrac{\pi}{4}+\dfrac{1}{2}\displaystyle\int_0^1\sqrt{1-x^2}dx - \dfrac{1}{2}\int_0^1\dfrac{1}{\sqrt{1-x^2}}dx = \dfrac{\pi}{4}+\dfrac{1}{2}\cdot\dfrac{\pi}{4}-\dfrac{1}{2}[\sin^{-1}x]_0^1 = \dfrac{\pi}{8}$

(3)　$\dfrac{2x}{(x+1)^2(x^2+1)} = \dfrac{a}{(x+1)^2}+\dfrac{b}{x+1}+\dfrac{cx+d}{x^2+1}$ とおく

$2x = a(x^2+1)+b(x+1)(x^2+1)+(cx+d)(x+1)^2$

$x=-1$ のとき $a=-1$, $x=0$ のとき $b+d=1$, x^3 の係数：$b+c=0$

x^2 の係数：$0=a+b+2c+d$, x の係数：$2=b+c+2d$

$\therefore\quad a=-1,\ b=0,\ c=0,\ d=1$.

$$\therefore \text{ 与式} = -\int_0^1 \frac{1}{(x+1)^2}dx + \int_0^1 \frac{1}{x^2+1}dx = \left[\frac{1}{x+1}\right]_0^1 + [\tan^{-1}x]_0^1$$

$$= -\frac{1}{2} + \frac{\pi}{4}$$

(4) 与式 $= \displaystyle\int_{-\infty}^{\infty} \frac{1}{(e^x)^2+1}e^x dx$ ここで $t = e^x$ とおくと 与式 $= \displaystyle\int_0^{\infty} \frac{1}{t^2+1}dt$

$$\therefore \text{ 与式} = [\tan^{-1}t]_0^{\infty} = \frac{\pi}{2} - 0 = \frac{\pi}{2}$$

A-5-3 $\displaystyle\lim_{x\to\pm\infty}\frac{1}{x^2-2x+5} = 0$

$$\int_{-\infty}^{\infty}\frac{1}{(x-1)^2+2^2}dx = \left[\frac{1}{2}\tan^{-1}\frac{(x-1)}{2}\right]_{-\infty}^{\infty} = \frac{1}{2}\left\{\frac{\pi}{2}-\left(-\frac{\pi}{2}\right)\right\} = \frac{\pi}{2}$$

B-5-1 (1) 与式 $= \displaystyle\int_2^3 \frac{2x-4}{x^2-4x+5}dx + 4\int_2^3 \frac{1}{(x-2)^2+1}dx$

$$= [\log(x^2-4x+5)]_2^3 + 4[\tan^{-1}(x-2)]_2^3 = \log 2 + \pi$$

(2) $\sqrt{(x-a)(b-x)} = (x-a)\sqrt{\dfrac{b-x}{x-a}}$, $t = \sqrt{\dfrac{b-x}{x-a}}$ とおく.

$$x = \frac{at^2+b}{t^2+1}, \quad dx = \frac{2(a-b)t}{(t^2+1)^2}dt, \quad x-a = \frac{at^2+b}{t^2+1} - a = \frac{b-a}{t^2+1}$$

$$\therefore \int \frac{1}{\sqrt{(x-a)(b-x)}}dx = -2\int \frac{1}{t^2+1}dt = -2\tan^{-1}t$$

$$= -2\tan^{-1}\sqrt{\frac{b-x}{x-a}}$$

$$\therefore \text{ 与式} = \lim_{\substack{\delta\to+0\\\varepsilon\to+0}}\int_{a+\delta}^{b-\varepsilon}\frac{1}{\sqrt{(x-a)(b-x)}}dx$$

$$= \lim_{\substack{\delta\to+0\\\varepsilon\to+0}}\left[-2\tan^{-1}\sqrt{\frac{b-x}{x-a}}\right]_{a+\delta}^{b-\varepsilon}$$

$$= -2\left(0 - \frac{\pi}{2}\right) = \pi$$

B-5-2 $\displaystyle\lim_{x\to+0}x\log x = \lim_{x\to+0}\frac{\log x}{1/x} = \lim_{x\to+0}\frac{1/x}{-1/x^2} = -\lim_{x\to+0}x = 0$

$y' = \log x + 1$ $y' = 0 \iff x = e^{-1}$
$0 < x < e^{-1}$ のとき, $y' < 0$ で減少, $x > e^{-1}$ のとき, $y' > 0$ で増加
よって, 求める面積 S は,

$$S = -\int_0^1 x\log x\,dx = \left[-\frac{x^2}{2}\log x\right]_0^1 + \frac{1}{2}\int_0^1 x\,dx = \frac{1}{2}\left[\frac{x^2}{2}\right]_0^1 = \frac{1}{4}$$

B-5-3 $z = z_0 \ (0 < z_0 \leqq c)$ による切り口の面積 $S(z_0)$ は

$$\frac{x^2}{a^2} + \frac{y^2}{b^2} = 2z_0 \quad \therefore\quad \frac{x^2}{(\sqrt{2z_0}a)^2} + \frac{y^2}{(\sqrt{2z_0}b)^2} = 1$$

から, $S(z_0) = (\sqrt{2z_0}a)(\sqrt{2z_0}b)\pi = 2\pi abz_0$

$$\therefore\quad V = \int_0^c S(z)\,dz = \int_0^c 2\pi abz\,dz = 2\pi ab\left[\frac{z^2}{2}\right]_0^c = \pi abc^2$$

B-5-4 $x = \cos^{-1} y$

$$\pi\int_0^1 x^2\,dy = \pi\int_0^1 (\cos^{-1} y)^2\,dy$$

$$= \pi\left\{[y(\cos^{-1} y)^2]_0^1 - 2\int_0^1 y(\cos^{-1} y)\frac{-1}{\sqrt{1-y^2}}\,dy\right\}$$

$$= 2\pi\int_0^1 \frac{y}{\sqrt{1-y^2}}\cos^{-1} y\,dy$$

$$= 2\pi\left\{[-\sqrt{1-y^2}\cos^{-1} y]_0^1 + \int_0^1 \sqrt{1-y^2}\cdot\frac{-1}{\sqrt{1-y^2}}\,dy\right\}$$

$$= 2\pi\left(\cos^{-1} 0 - \int_0^1 dy\right) = 2\pi\left(\frac{\pi}{2} - 1\right) = \pi(\pi - 2)$$

B-5-5 (1) $y = (\sqrt{a} - \sqrt{x})^2 \ (0 \leqq x \leqq a)$ $\therefore\ y' = -\dfrac{\sqrt{a}-\sqrt{x}}{\sqrt{x}}$

$$\sqrt{1+(y')^2} = \sqrt{\frac{2x - 2\sqrt{a}\sqrt{x} + a}{x}} = \frac{\sqrt{2}}{\sqrt{x}}\sqrt{\left(\sqrt{x}-\frac{\sqrt{a}}{2}\right)^2 + \frac{a}{4}}$$

$t = \sqrt{x} - \dfrac{\sqrt{a}}{2}$ とおく. $dt = \dfrac{1}{2\sqrt{x}}dx$

$$\therefore\quad \int_0^a \sqrt{1+(y')^2}\,dx = 2\sqrt{2}\int_{-\sqrt{a}/2}^{\sqrt{a}/2}\sqrt{t^2 + \frac{a}{4}}\,dt = 4\sqrt{2}\int_0^{\sqrt{a}/2}\sqrt{t^2 + \frac{a}{4}}\,dt$$

$$= 2\sqrt{2}\left[t\sqrt{t^2 + \frac{a}{4}} + \frac{a}{4}\log\left(t + \sqrt{t^2 + \frac{a}{4}}\right)\right]_0^{\sqrt{a}/2}$$

$$= a\left\{1 + \frac{1}{\sqrt{2}}\log(1+\sqrt{2})\right\}$$

(2) $\dfrac{dx}{dt} = -3\cos^2 t\sin t,\quad \dfrac{dy}{dt} = 3\sin^2 t\cos t$

$$\sqrt{\left(\frac{dx}{dt}\right)^2 + \left(\frac{dy}{dt}\right)^2} = 3|\sin t\cos t| = \frac{3}{2}|\sin 2t|$$

$$\therefore \int_0^{2\pi} \sqrt{\left(\frac{dx}{dt}\right)^2 + \left(\frac{dy}{dt}\right)^2}\,dt = \frac{3}{2}\int_0^{2\pi}|\sin 2t|dt = \frac{3}{2}\cdot 4\int_0^{\pi/2}\sin 2t\,dt$$
$$= 6\left[-\frac{\cos 2t}{2}\right]_0^{\pi/2} = 6$$

練習問題 6-1

A-1 (1) $z_x = 3(xy+1)^2\cdot y$, $z_y = 3(xy+1)^2\cdot x$

(2) $z_x = \dfrac{-x}{\sqrt{1-x^2-y^2}}$, $z_y = \dfrac{-y}{\sqrt{1-x^2-y^2}}$

A-2 (1) $z_{xx} = 6(xy+1)y^2$, $z_{xy} = z_{yx} = 3(xy+1)(3xy+1)$
$z_{yy} = 6(xy+1)x^2$

(2) $z_{xx} = -(1-y^2)(1-x^2-y^2)^{-3/2}$, $z_{xy} = z_{yx} = -xy(1-x^2-y^2)^{-3/2}$
$z_{yy} = -(1-x^2)(1-x^2-y^2)^{-3/2}$

A-3 (1) $dz = 2x\,dx + 3y^2\,dy$ (2) $dz = 2xy^3\,dx + 3x^2y^2\,dy$

B-1 (1) $z_x = \dfrac{1}{y}e^{x/y}$, $z_y = -\dfrac{x}{y^2}e^{x/y}$

(2) $z_x = y^x\log y$, $z_y = xy^{x-1}$

B-2 (1) $z_{xx} = e^{x/y}y^{-2}$, $z_{xy} = z_{yx} = -e^{x/y}(x+y)y^{-3}$, $z_{yy} = e^{x/y}x(x+2y)y^{-4}$

(2) $z_{xx} = y^x(\log y)^2$, $z_{xy} = z_{yx} = y^{x-1}(1+x\log y)$
$z_{yy} = y^{x-2}x(x-1)$

B-3 (1) $f(x,y) = \sin(x+y)$, $f_x(x,y) = \cos(x+y)$,
$f_y(x,y) = \cos(x,y)$, $f_{xx} = -\sin(x+y)$, $f_{xy} = -\sin(x+y)$,
$f_{yy} = -\sin(x+y)$, $f_{xxx} = -\cos(x+y)$, $f_{xxy} = -\cos(x+y)$,
$f_{xyy} = -\cos(x+y)$, $f_{yyy} = -\cos(x+y)$
$\therefore \sin(x,y) = x+y-(x+y)^3/3! + \cdots$

(2) $f(x,y) = \cos(x+y)$, $f_x = -\sin(x+y)$, $f_y = -\sin(x+y)$
$f_{xx} = -\cos(x+y)$, $f_{xy} = -\cos(x+y)$, $f_{yy} = -\cos(x+y)$
$\therefore \cos(x+y) = 1 - (x+y)^2/2! + \cdots$

練習問題 6-2

A-1 (1) $f_x = 2x-y+3 = 0$, $f_y = -x+2y-9 = 0$ の解 $(x,y) = (1,5)$ をもつ,点 $(1,5)$ においては
$$\Delta = f_{xy}{}^2 - f_{xx}f_{yy} = -3 < 0,\ f_{xx} = 2 > 0$$
よって, 極小値 $f(1,5) = -21$ を得る.

(2) $f_x = 2x-2y-6 = 0$, $f_y = -2x+2y+6 = 0$ の解は $y = x-3$ また, $\Delta = f_{xy}{}^2 - f_{xx}f_{yy} = 4-4 = 0$. よって, 極値かどうか判定できない. しかし, $f = (x-y-3)^2$ であるから, 直線 $y = x-3$ 上で最小値 0 をとるが, 1 点だけで最小値をとらないから, 極値はとらない.

A‑2 (1) $\dfrac{dy}{dx} = -\dfrac{2x-y}{-x+2y-1}$ (2) $\dfrac{dy}{dx} = \dfrac{3x^2+1}{3y^2+1}$

B‑1 $f_x = 4x^3 - 2(x-y) = 0,\ f_y = 4y^3 + 2(x-y) = 0$ の解は $(x, y) =$ $(0, 0), (1, -1), (-1, 1)$. $(0, 0)$ について, $\Delta = 4 - 4 = 0$.
$(x, y) \neq (0, 0)$ に対して, $x = y$ では, $f(x, y) > 0$. また, $y = 0, 0 < |x| < 1$ のとき, $f(x, y) < 0$. よって, $(0, 0)$ では極値をとらない. $(1, -1)$ と $(-1, 1)$ については, $\Delta = f_{xy}{}^2 - f_{xx}f_{yy} = -96 < 0,\ f_{xx} = 10 > 0$. よって, 極小値 $f(1, -1) = f(-1, 1) = -2$ を得る.

B‑2 3辺の長さを x, y, z とすると, $x + y + z = 3a$. $V = xyz = xy(3a - x - y)$, $V_x = y(3a - 2x - y),\ V_y = x(3a - x - 2y),\ V_{xx} = -2y,\ V_{xy} = 3a - 2x - 2y,\ V_{yy} = -2x,\ xy \neq 0$ であるから, $V_x = 0,\ V_y = 0$ の解は $x = y = z = a$. このとき, $\Delta = V_{xy}{}^2 - V_{xx}V_{yy} = a^2 - 4a^2 = -3a^2 < 0$
よって, $V = a^3$ は最大値となり, 立方体が最大値となる.

B‑3 (1) $f = x^2 - xy + y^2 - y$ とおく. $f = 0$ と $f_x = 0$ を解いて,
$(x, y) = (0, 0),\ (2/3,\ 4/3)$.
$(0, 0)$ では, $f_{xx}/f_y = -2 < 0$. よって, $x = 0$ で極小値 $y = 0$
$(2/3, 4/3)$ では, $f_{xx}/f_y = 2 > 0$.
よって, $x = 2/3$ で極大値 $y = 4/3$.
(2) $f = x^4 - 2x^2 + 4$ とおく. $f = 0,\ f_x = 0$ を解いて,
$(x, y) = (0, 0),\ (\pm 1, 1)$
$(0, 0)$ では, $f_{xx}/f_y = -4 < 0$. よって, $x = 0$ で極小値 $y = 0$
$(\pm 1, 1)$ では, $f_{xx}/f_y = 8 > 0$. よって, $x = \pm 1$ で極大値 $y = 1$.

第6章の演習問題

A‑6‑1 (1) $z_{xx} = 12x^2 + 6y^2,\ z_{xy} = z_{yx} = 12xy,\ z_{yy} = 12y^2 + 6x^2$
(2) $z_x = 3(x^2 + y)\cos(x^3 + 3xy + y^3)$
$z_y = 3(x + y^2)\cos(x^3 + 3xy + y^3)$
$z_{xx} = 6x\cos(x^3 + 3xy + y^3) - 9(x^2 + y)^2 \sin(x^3 + 3xy + y^3)$
$z_{xy} = z_{yx} = 3\cos(x^3 + 3xy + y^3) - 9(x^2 + y)(x + y^2)\sin(x^3 + 3xy + y^3)$
$z_{yy} = 6y\cos(x^3 + 3xy + y^3) - 9(x + y^2)^2 \sin(x^3 + 3xy + y^3)$

A‑6‑2 (1) $dz = -6\{x^2 \sin(2x^3 + 3y^2)dx + y\sin(2x^3 + 3y^2)dy\}$
(2) $dz = \dfrac{y(y^2 - x^2)}{(x^2 + y^2)^2}dx + \dfrac{x(x^2 - y^2)}{(x^2 + y^2)^2}dy$

A‑6‑3 (1) $f_x = 0$ と $f_y = 0$ を解いて, $(x, y) = (1, 1)$.
この点 $(1, 1)$ において, $\Delta = f_{xy}{}^2 - f_{xx}f_{yy} = -4 < 0,\ f_{xx} = 4 > 0$
よって, $f(1, 1) = -5$ は極小値である.
(2) $f_x = 0$ と $f_y = 0$ を解いて, $(x, y) = (5, 1)$.
この点 $(5, 1)$ において, $\Delta = f_{xy}{}^2 - f_{xx}f_{yy} = -3 < 0,\ f_{xx} = 2 > 0$
よって, $f(5, 1) = -21$ は極小値である.

A - 6 - 4 $g_y(x, y) \neq 0$ のとき, 定理 6 - 8 (陰関数の定理) によって, $y = h(x)$ と解ける. よって, $z = f(x, y) = f(x, h(x))$ は x の関数となる. よって,

$$\frac{dz}{dx} = f_x + f_y \frac{dy}{dx}$$

z の極値では, $dz/dx = 0$ となる. また, $g_x + g_y(dy/dx) = 0$ であるから, これら 2 式から, dy/dx を消去すると,

$$\frac{f_x}{g_x} = \frac{f_y}{g_y}$$

A - 6 - 5 $g = x^2 + y^2 - 1$ とおくと, $f_x/g_x = f_y/g_y$ から, $y/x = x/y$
∴ $y = \pm x$. このとき, $x = \pm 1/\sqrt{2}, y = \pm 1/\sqrt{2}$.
よって, 極小値 $z = -1/2$, 極大値 $z = 1/\sqrt{2}$.

B - 6 - 1 $z_r = f_x \cdot x_r + f_y \cdot y_r = f_x \cos\theta + f_y \sin\theta$
$z_\theta = f_x \cdot x_\theta + f_y \cdot y_\theta = -f_x r \sin\theta + f_y r \cos\theta$
$z_{rr} = (f_x)_r \cos\theta + (f_y)_r \sin\theta$
$\quad = f_{xx} \cos^2\theta + 2f_{xy} \sin\theta \cos\theta + f_{yy} \sin^2\theta$
$z_{\theta\theta} = -(f_x)_\theta r \sin\theta - f_x r \cos\theta + (f_y)_\theta r \cos\theta - f_y r \sin\theta$
$\quad = f_{xx} r^2 \sin^2\theta - 2f_{xy} r^2 \sin\theta \cos\theta + f_{yy} r^2 \cos^2\theta - f_x r \cos\theta - f_y r \sin\theta$
ここで, $rz_r = f_x r \cos\theta + f_y r \sin\theta$ であるから,

$$z_{rr} + \frac{1}{r^2} z_{\theta\theta} = f_{xx} + f_{yy} - \frac{1}{r} z_r \quad \therefore \quad f_{xx} + f_{yy} = z_{rr} + \frac{1}{r^2} z_{\theta\theta} + \frac{1}{r} z_r$$

B - 6 - 2 (1) $f_x = 0, f_y = 0$ を解いて, $(x, y) = (1, 1), (2, 2)$
$(1, 1)$ において, $\Delta = f_{xy}{}^2 - f_{xx} f_{yy} = 9 > 0$ から極値ではない.
$(2, 2)$ において, $\Delta = f_{xy}{}^2 - f_{xx} f_{yy} = 9 - 36 < 0, f_{xx} = 6 > 0$
よって, $f(2, 2) = -1$ は極小値
(2) $f_x = 0$ と $f_y = 0$ を解いて, $(x, y) = (1, 1)$. この点 $(1, 1)$ において, $\Delta = f_{xy}{}^2 - f_{xx} f_{yy} = -3 < 0, f_{xx} = 2 > 0$. よって, $f(1, 1) = 3$ は極小値.

B - 6 - 3 $g(x, y, z) = 0$ を偏微分すれば,

$$g_x + g_z \frac{\partial z}{\partial x} = 0, \quad g_y + g_z \frac{\partial z}{\partial y} = 0$$

また, $w = f(x, y, z) (z = h(x, y))$ を偏微分すれば,

$$\frac{\partial w}{\partial x} = f_x + f_z \frac{\partial z}{\partial x}, \quad \frac{\partial w}{\partial y} = f_y + f_z \frac{\partial z}{\partial y}$$

w の極値では, $\dfrac{\partial w}{\partial x} = 0, \dfrac{\partial w}{\partial y} = 0$ である. これらを上式に代入して $\dfrac{\partial z}{\partial x}, \dfrac{\partial z}{\partial y}$ を消去すると, 次の式が得られる. ただし, 分母 $\neq 0$

$$\frac{f_x}{g_x} = \frac{f_y}{g_y} = \frac{f_z}{g_z} (= \lambda)$$

B - 6 - 4 $g = x^2 + y^2 + z^2 - 3, f = xyz$ とおく.

$$\frac{f_x}{g_x} = \frac{f_y}{g_y} = \frac{f_z}{g_z} \Longrightarrow \frac{yz}{2x} = \frac{xz}{2y} = \frac{xy}{2z} \Longrightarrow \frac{1}{x^2} = \frac{1}{y^2} = \frac{1}{z^2}$$

∴ $x^2 = y^2 = z^2 = 1$. よって, 極小値 $w = -1$, 極大値 $w = 1$.

練習問題 7-1

A-1 (1) $\int_0^1 dx \int_0^{\sqrt{x}} f(x, y)dy = \int_0^1 dy \int_{y^2}^1 f(x, y)dx$

(2) $\int_0^1 dx \int_0^{1-x} f(x,y)dy = \int_0^1 dy \int_0^{1-y} f(x, y)dx$

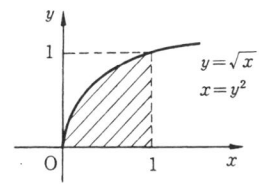

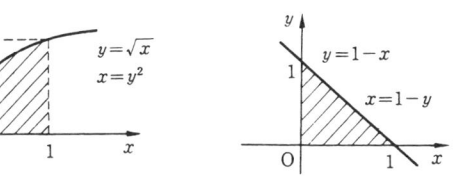

A-2 (1) $\int_a^b \left[x^2 \frac{y^2}{2} \right]_c^d dx = \int_a^b \frac{d^2 - c^2}{2} x^2 dx = \frac{(d^2-c^2)(b^3-a^3)}{6}$

(2) $\int_0^1 x \left[\frac{y^3}{3} \right]_0^x dx = \frac{1}{3} \int_0^1 x^4 dx = \frac{1}{3} \cdot \left[\frac{x^5}{5} \right]_0^1 = \frac{1}{15}$

(3) $\int_0^1 xdx \int_0^2 y^2 dy = \left[\frac{x^2}{2} \right]_0^1 \cdot \left[\frac{y^3}{3} \right]_0^2 = \frac{1}{2} \cdot \frac{8}{3} = \frac{4}{3}$

(4) $\int_0^1 dx \int_x^{\sqrt{x}} xy dy = \int_0^1 x \left[\frac{y^2}{2} \right]_x^{\sqrt{x}} dx = \int_0^1 \frac{x^2 - x^3}{2} dx = \frac{1}{24}$

B-1 (1) $\int_0^1 dx \int_0^{2x} f(x, y)dy = \int_0^2 dy \int_{y/2}^1 f(x, y)dx$

(2) $\int_0^1 dx \int_{x^2}^{2-x} f(x, y)dy = \int_0^1 dy \int_0^{\sqrt{y}} f(x, y)dx + \int_1^2 dy \int_0^{2-y} f(x, y)dx$

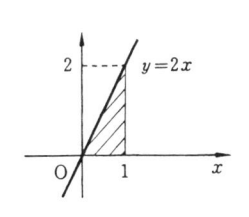

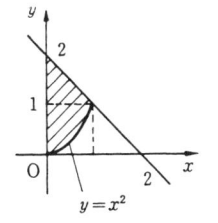

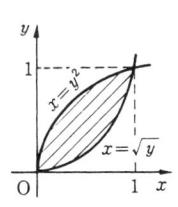

(3) $\int_0^1 dy \int_{y^2}^{\sqrt{y}} f(x, y)dx = \int_0^1 dx \int_{x^2}^{\sqrt{x}} f(x, y)dy$

B - 2 (1) $\int_0^1 dx \int_0^x xy^2 dy = \int_0^1 x \left[\frac{y^3}{3}\right]_0^x dx = \frac{1}{3}\left[\frac{x^5}{5}\right]_0^1 = \frac{1}{15}$

(2) $\int_1^2 dx \int_1^x (\log x - \log y) dy = \int_1^2 [y \log x - y \log y + y]_1^x dx$

$= \int_1^2 (x - \log x - 1) dx = \frac{3}{2} - 2\log 2$

練習問題 7 - 2

A - 1 (1) $t = x^2$ とおく．$dt = 2xdx$

与式 $= \int_0^\infty e^{-t} \frac{dt}{2} = \frac{1}{2}[-e^{-t}]_0^\infty = \frac{1}{2}$

(2) $t = x^2$ とおく．

与式 $= \int_0^\infty e^{-t^2} \frac{dt}{2} = \frac{1}{2}\int_0^\infty e^{-t^2} dt = \frac{1}{2} \cdot \frac{\sqrt{\pi}}{2} = \frac{\sqrt{\pi}}{4}$ （∵ 定理 7 - 3）

A - 2 $y' = \frac{1}{\sqrt{x}}$ ∴ $2\pi \int_0^3 2\sqrt{x}\sqrt{1 + \frac{1}{x}} dx = 4\pi \int_0^3 \sqrt{x+1} dx = \frac{56}{3}\pi$

A - 3 $2z = \sqrt{x^2 + y^2}$ において，$z = 1$ のとき $x^2 + y^2 = 4$

∴ $D : x^2 + y^2 \leq 4$

∴ $\int_D \sqrt{z_x^2 + z_y^2 + 1} dxdy = \int_D \frac{\sqrt{5}}{2} dxdy = \frac{\sqrt{5}}{2} \cdot 2^2 \pi = 2\sqrt{5}\pi$

B - 1 (1) $x = \sqrt{2}t$ とおく．$dx = \sqrt{2}dt$

与式 $= \int_0^\infty x(xe^{-x^2/2}) dx = [x(-e^{-x^2/2})]_0^\infty + \int_0^\infty e^{-x^2/2} dx$

$= \sqrt{2} \int_0^\infty e^{-t^2} dt = \sqrt{2} \cdot \frac{\sqrt{\pi}}{2} = \sqrt{\frac{\pi}{2}}$

(2) $x - u = \sqrt{2}\sigma t$ とおく．$dx = \sqrt{2}\sigma dt$

与式 $= \frac{1}{\sqrt{\pi}} \int_{-\infty}^\infty e^{-t^2} dt = \frac{2}{\sqrt{\pi}} \int_0^\infty e^{-t^2} dt = \frac{2}{\sqrt{\pi}} \cdot \frac{\sqrt{\pi}}{2} = 1$

B - 2 この曲面とこの平面の交わりの曲線の xy 平面上への正射影は

$x^2 + y^2 = 2x + 2y$ ∴ $D : (x-1)^2 + (y-1)^2 \leq 2$

$u = x - 1, v = y - 1$ とおく．$D \to B : u^2 + v^2 \leq 2$, $dxdy = dudv$

さらに，$u = r\cos\theta, v = r\sin\theta$ とおく．

$\int_D \{(2x + 2y) - (x^2 + y^2)\} dxdy = \int_B \{2 - (u^2 + v^2)\} dudv$

$= \int_0^{2\pi} d\theta \int_0^{\sqrt{2}} (2 - r^2) r dr = \int_0^{2\pi} d\theta = 2\pi$

B - 3 $y' = \dfrac{x}{\sqrt{a^2 - x^2}}$ $\therefore\ 2\pi \displaystyle\int_0^a (a - \sqrt{a^2 - x^2}) \dfrac{a}{\sqrt{a^2 - x^2}} dx = \pi(\pi - 2)a^2$

B - 4 $D: x^2 + y^2 \leqq a^2,\ z_x = y,\ z_y = x,\ x = r\cos\theta,\ y = r\sin\theta$

$$\therefore\ \int_D \sqrt{z_x{}^2 + z_y{}^2 + 1}\, dxdy = \int_0^{2\pi} d\theta \int_0^a \sqrt{r^2 + 1}\, rdr$$

$$= \dfrac{2\pi}{3}\{(a^2 + 1)^{3/2} - 1\}$$

第 7 章の演習問題

A - 7 - 1 (1) $\displaystyle\int_1^2 dx \int_1^{x^2} f(x, y)dy = \int_1^4 dy \int_{\sqrt{y}}^2 f(x, y)dx$

(2) $\displaystyle\int_{-a}^a dx \int_0^{\sqrt{a^2 - x^2}} f(x, y)dy = \int_0^a dy \int_{-\sqrt{a^2 - y^2}}^{\sqrt{a^2 - y^2}} f(x, y)dx$

(3) $\displaystyle\int_0^2 dy \int_0^{y^2} f(x, y)dx = \int_0^4 dx \int_{\sqrt{x}}^2 f(x, y)dy$

(4) $\displaystyle\int_0^1 dy \int_{2\sqrt{y}}^2 f(x, y)dx = \int_0^2 dx \int_0^{x^2/4} f(x, y)dy$

A - 7 - 2 (1) $\displaystyle\int_D xy\,dxdy = \int_0^1 dx \int_0^2 xy\,dy = 1$

(2) $\displaystyle\int_D \sin(x + 2y)dxdy = \int_0^{\pi/2} dx \int_0^{\pi/2} \sin(x + 2y)dy = 1$

A - 7 - 3 $x = au,\ y = bv$ とおく. $dxdy = ab\,dudv$. $x^2/a^2 + y^2/b^2 = u^2 + v^2$

$$\therefore\ \int_D f(x, y)dxdy = \int_B f(au, bv)ab\,dudv$$

$$= ab \int_B f(au, bv)dudv\ (改めて, u, v を x, y とおく)$$

B - 7 - 1 $x = r\cos\theta,\ y = r\sin\theta$ とおくと, $D: 0 \leqq r \leqq k,\ 0 \leqq \theta \leqq 2\pi$
$dxdy = r\,drd\theta$

$$\therefore\ 与式 = \int_D (ar^2\cos^2\theta + br^2\sin^2\theta)r\,drd\theta$$

$$= \int_0^k r^3 dr \int_0^{2\pi} (a\cos^2\theta + b\sin^2\theta)d\theta$$

$$= \left[\dfrac{r^4}{4}\right]_0^k \cdot \dfrac{1}{2}\int_0^{2\pi} \{a(1 + \cos 2\theta) + b(1 - \cos 2\theta)\}d\theta$$

$$= \dfrac{k^4}{4} \cdot \dfrac{a + b}{2} \cdot 2\pi = \dfrac{a + b}{4}\pi k^4$$

B - 7 - 2 (1) $y' = (e^x - e^{-x})/2$

$$\therefore\ 2\pi\int_0^2 \frac{e^x+e^{-x}}{2}\cdot\frac{e^x+e^{-x}}{2}dx = \frac{\pi}{4}(e^4+8-e^{-4})$$

(2) $\sqrt{1+\left(\dfrac{dy}{dx}\right)^2}dx = \sqrt{dx^2+dy^2} = \sqrt{\left(\dfrac{dx}{d\theta}\right)^2+\left(\dfrac{dy}{d\theta}\right)^2}d\theta$

$$x = r\cos\theta = a(1+\cos\theta)\cos\theta,\ y = r\sin\theta = a(1+\cos\theta)\sin\theta$$

図形は x 軸に関して対称であるから, $0 \leqq \theta \leqq \pi$ で考えればよい.

$$dx/d\theta = -a(\sin\theta+\sin 2\theta),\ dy/d\theta = a(\cos\theta+\cos 2\theta)$$

$$\sqrt{(dx/d\theta)^2+(dy/d\theta)^2} = \sqrt{2}a\sqrt{1+\cos(2\theta-\theta)}$$

$$\therefore\ 2\pi\int_0^\pi y\sqrt{\left(\frac{dx}{d\theta}\right)^2+\left(\frac{dy}{d\theta}\right)^2}d\theta$$

$$= 2\sqrt{2}\pi a^2\int_0^\pi (1+\cos\theta)\sin\theta\sqrt{1+\cos\theta}d\theta$$

(ここで, $t = \sqrt{1+\cos\theta}$ とおく. $t^2 = 1+\cos\theta$ $\therefore\ 2tdt = -\sin\theta d\theta$)

$$= 2\sqrt{2}\pi a^2\int_{\sqrt{2}}^0 t^3(-2tdt) = \frac{32}{5}\pi a^2$$

B - 7 - 3 $x = r\cos\theta,\ y = r\sin\theta$ とおくと, $z = \tan^{-1}(\tan\theta)$ $\therefore\ z = \theta$

$$\therefore\ z_r = 0,\ z_\theta = 1$$

$$\therefore\ \int_0^{\pi/2}d\theta\int_0^a\sqrt{1+r^2}dr = \frac{\pi}{4}\{a\sqrt{a^2+1}+\log(a+\sqrt{a^2+1})\}$$

練習問題 8 - 1

A - 1 (1) $(x+1)y = C$ (2) $x+2y^2+Cxy^2 = 0$

(3) $y = Cx+1$ (4) $(x^2+1)(y^2+3) = C$

A - 2 (1) $xy = C$ (2) $y = x(C-\log|x|)$

(3) $x+y(C-\log|x|) = 0$ (4) $y-2x+Cx^2y = 0$

A - 3 (1) $xy = x+C$ (2) $xy = x^3+C$

(3) $xy = \sin x+C$ (4) $xy = -\cos x+C$

B - 1 (1) $y+\sqrt{x^2+y^2} = C$ (2) $y^3+3x^3(\log x+C) = 0$

(3) $x^4+6x^2y^2+y^4 = C$ (4) $x^5+5x^3y^2+x^5 = C$

B - 2 (1) $y = \dfrac{x^3}{4}+\dfrac{C}{x}$ (2) $\sin y = \dfrac{x^2}{3}+\dfrac{C}{x}$

(3) $y = \dfrac{e^x}{3}+\dfrac{C}{e^{2x}}$ (4) $y^2 = \dfrac{e^x}{3}+\dfrac{C}{e^{2x}}$

(5) $y = \dfrac{x}{\sin x}+\dfrac{C}{\sin x}$ (6) $\sin y = \dfrac{x}{\sin x}+\dfrac{C}{\sin x}$

練習問題 8 - 2

A - 1 (1) $y = Ae^{2x} + Be^{3x}$ (2) $y = Ae^{-7x} + Be^{4x}$

A - 2 (1) $y_0 = x^2 + \dfrac{5}{3}x + \dfrac{19}{18}$ (2) $y_0 = e^x(2x+3)$

A - 3 (1) $y = e^x(A\cos x + B\sin x) + x + 1$
(2) $y = e^{2x}(A\cos 4x + B\sin 4x) + x^2 + 2x/5 - 1/50$

B - 1 (1) $y = (Ax+B)e^{2x}$ (2) $y = e^{-2x}(A\cos 5x + B\sin 5x)$

B - 2 (1) $y_0 = (x+1)\cos x + \left(x + \dfrac{2}{5}\right)\sin x$

(2) $y_0 = \left(x + \dfrac{2}{5}\right)\cos x - (x+1)\sin x$

B - 3 (1) $y = e^{-x}(A\cos 2x + B\sin 2x) + \sin x + \cos x$
(2) $y = e^{-3x}(A\cos 2x + B\sin 2x) + e^{-x}(x^2 - x + 1/4)$

第 8 章の演習問題

A - 8 - 1 (1) $y + 1 = C(x-1)$ (2) $(x^2+1)(y^4+3) = C$

(3) $2y^{3/2} = 3x + C$ (4) $\tan y + \tan^2 x = C$

(5) $y^2 + 3xy = C$ (6) $y = Ce^{-y/x}$

A - 8 - 2 (1) $y = Ae^{-6x} + Be^{5x}$ (2) $y = Ae^{-5x} + Be^{-6x}$

(3) $y = e^{-5x}(A + Bx)$ (4) $y = e^{6x}(A + Bx)$

B - 8 - 1 (1) $xy = \sin x$ (2) $y = Ce^{-x^2} + 1/2$

(3) $y = x^2 + Cx$ (4) $y = x^3 + Cx$

(5) $y = \sin x + C\cos x$ (6) $y = (x + 1 + Ce^x)^{-1}$

B - 8 - 2 (1) $y_0 = \dfrac{1}{2}x^2 + \dfrac{1}{2}x - \dfrac{1}{4}$ (2) $y_0 = e^x\left(x^3 - \dfrac{3}{2}x^2 - \dfrac{3}{2}x + \dfrac{9}{4}\right)$

(3) $y_0 = e^x(\cos x + \sin x)$ (4) $y_0 = -e^x(\cos x - \sin x)$

(5) $y_0 = x^2 e^x$ (6) $y_0 = x^3 e^x$

索　引

あ　行

1 階線形　164
1 階微分方程式　162
一般解　167
陰関数　139
インテグラル　85

x 軸　6
n 乗根　11
円　10

オイラーの公式　71

か　行

開円板　128
開区間　3
回転体の表面積　154
下端　86
加法定理　31
関数　5
関数の増減　79

奇関数　112
基線　118
逆関数　22
逆三角関数　63
級数　16
極限　129
　── 値　40
極小　80, 137
曲線の長さ　121

極大　80, 136
極値　80, 137
曲面の面積　152
虚数単位　70

偶関数　112
区間縮小法　4
組合せ　17

元　3
原始関数　91
減少関数　14

広義積分　109
合成関数　48
　── の微分法　60
公理　4
コサイン　28
コーシーの平均値の定理　74
弧度法　26

さ　行

サイン　28
座標平面　7
差を積に直す公式　38
三角関数　25
3 倍角の公式　32

指数　12
　── 関数　13
実数　2
周期　33

索　引

集合　2
従属　168
収束する　40
主値　63
瞬間の速度　51
順序の変更　147
順列　17
上端　86
真数　20

数直線　3
数列　3

積分定数　92
積分の平均値の定理　88
接線の傾き　52
絶対収束する　111

増加関数　14
双曲線関数　82

た 行

対数関数　19
タンジェント　28
単振動の合成　33

置換積分法　94

底　20
定積分　85
テーラー展開　69, 135

導関数　53
同次形　163
特殊解　167
独立　168

な 行

2階線形微分方程式　167
2重根号　37
2重積分　144, 146

2倍角の公式　31

ネピアの数　16

は 行

媒介変数表示　122
はさみうちの原理　4

微係数　51
微積分の基本定理　89
微分可能　51
微分する　53

不定積分　91
部分積分法　95
分数関数　10

平均値の定理　75
平均変化率　52
閉区間　3
平行移動　9
平方根　11
偏角　118
変曲点　81
変域　5
変数分離形　163
偏導関数　130
偏微分　127
　——する　130

放物線　8

ま 行

マクローリン展開　69, 135

無理関数　10
無理数　2

や 行

有理関数　98

有理数　2

陽関数　139
要素　3

累乗根　12

連続　47, 130

ら行

ロピタルの定理　76
ロルの定理　73

ライプニッツの定理　78

わ行

立方根　11
累次積分　146

y軸　6

著者略歴

樋口　禎一（ひぐち・ていいち）
　1963 年　東京教育大学大学院博士課程修了
　現　在　横浜国立大学名誉教授・理学博士

田代　俶章（たしろ・よしあき）
　1964 年　東京教育大学大学院博士課程修了
　現　在　東京農工大学名誉教授・理学博士

山崎　晴司（やまざき・せいし）
　1968 年　東京教育大学大学院修士課程修了
　　　　　山梨大学准教授

松岡　史和（まつおか・のぶかず）
　1971 年　金沢大学大学院修士課程修了
　　　　　金沢工業大学教授

山崎　丈明（やまざき・たけあき）
　2000 年　東京理科大学大学院博士課程修了
　現　在　東洋大学教授・博士（理学）

計算と数学　微分積分入門　　Ⓒ　樋口・田代・山崎・松岡・山崎　2004
2004 年 1 月 15 日　第 1 版第 1 刷発行　　　【本書の無断転載を禁ず】
2023 年 3 月 10 日　第 1 版第 7 刷発行

著者代表　樋口禎一・山崎晴司
発 行 者　森北　博巳
発 行 所　森北出版株式会社
　　　　　東京都千代田区富士見 1-4-11（〒 102-0071）
　　　　　電話 03-3265-8341 ／ FAX 03-3264-8709
　　　　　https://www.morikita.co.jp/
　　　　　日本書籍出版協会・自然科学書協会　会員
　　　　　JCOPY ＜（一社）出版者著作権管理機構　委託出版物＞

落丁・乱丁本はお取替えいたします　　　　　印刷・製本／藤原印刷

Printed in Japan ／ ISBN 978-4-627-07571-9

図書案内　森北出版

工科の数学 確率・統計 第2版

田代嘉宏／著

菊判　・　128頁　　定価（本体 1500円 +税）　　ISBN978-4-627-04942-0

多くの高専や大学で確率統計のテキストとして使用された良書の改訂版．基礎から丁寧に解説するスタイルはそのままに，改訂によってレイアウト一新，問題の解答に解説が加わったことで，見た目も内容もより一層わかりやすくなった．

統計解析法入門

大宮眞弓・松島正知／著

菊判　・　224頁　　定価（本体 2600円 +税）　　ISBN978-4-627-05291-8

実応用を念頭において，とりわけ初学者が誤解しやすい推定・検定のしくみと研究開発で役立つ分散分析を中心に，その考え方をわかりやすく説明した．多数の実例とともに重要なポイントが整理されて示されており，実務での参考にも最適．

よくわかるトポロジー

山本修身／著

菊判　・　192頁　　定価（本体 2500円 +税）　　ISBN978-4-627-06171-2

直感的にわかる図形の性質と数学とがどのように結びつくかを，イメージや言い換え，図を多用してていねいに解説．初歩的な内容に絞り，本質的な考え方や面白さを伝えることに重点をおいた．トポロジーに触れてみたいという人や，本格的に学ぶ前の準備をしたいという人におすすめ．

線形代数と幾何
― ベクトル・行列・行列式がよくわかる

林義実／著

菊判　・　192頁　　定価（本体 2200円 +税）　　ISBN978-4-627-09661-5

幾何学的イメージによって理解が深まる，線形代数のテキスト．抽象的で無味乾燥な話ばかりにならないように配慮し，基本事項をわかりやすく解説した．具体例や計算問題を数多く収録し，解を助ける"注"も充実．初学者の自習用としてもおすすめ．

定価は2016年1月現在のものです．現在の定価等は弊社Webサイトをご覧下さい．

http://www.morikita.co.jp

図書案内　森北出版

Excelではじめる数値解析

伊津野和行・酒井久和／著

菊判・208頁　定価（本体 2400円 +税）　ISBN978-4-627-09631-8

さまざまな工学的な問題を解く際に必要な数値解析を，Excelを用いて理解するための書籍．一つの問題を解く方法を複数紹介し，それぞれの方法の長所・短所を説明した．さらに多数の演習問題を用意し，自分で計算することで数値解析手法を身に付けることができる．

応用解析学の基礎 新装版
— 複素解析，フーリエ解析・ラプラス変換

坂和正敏／著

菊判・144頁　定価（本体 2100円 +税）　ISBN978-4-627-07312-8

応用数学の分野で重要な，複素解析，フーリエ解析・ラプラス変換を取り上げ，基礎的事項に限定し，かつ数学的な厳密さも重視して，ていねいに記述したテキスト．新装版では，より読みやすくなるようにレイアウトを一新した．

大学編入試験問題 数学／徹底演習 第3版
— 微分積分／線形代数／応用数学／確率

林義実・小谷泰介／著

菊判・288頁　定価（本体 2600円 +税）　ISBN978-4-627-04873-7

大学編入を志す高専生の声に応えて内容をリニューアル！　全国の大学で出題された数学の編入試験問題を，単元・項目別に収録した問題集．微分積分，線形代数，応用数学，確率を演習書形式で丁寧に解説した．近年出題されることの多い「ベクトル空間」に関する内容もおさえた，編入試験対策の決定版．

ラプラス変換とフーリエ解析要論 第2版 新装版

田代嘉宏／著

菊判・160頁　定価（本体 1800円 +税）　ISBN978-4-627-02613-1

数々の大学・高専で採用されている教科書．新装版でポイントがわかりやすくなり，理解が進む一冊．工学的に配慮された例題と演習問題を解くことで，ラプラス変換・フーリエ解析，その応用としての波動方程式や熱伝導方程式の初期値問題・境界値問題の解法をしっかり学ぶことができる．

定価は2015年1月現在のものです．現在の定価等は弊社Webサイトをご覧下さい．

http://www.morikita.co.jp

5. 基本関数の積分

1. $f(x) = e^x$ ⇨ $\int f(x)dx = e^x$

2. $f(x) = x^n (n \neq -1)$ ⇨ $\int f(x)dx = \dfrac{1}{n+1}x^{n+1}$

3. $f(x) = \dfrac{1}{x} (x \neq 0)$ ⇨ $\int f(x)dx = \log|x|$

4. $f(x) = x^a (x > 0, a \neq -1)$ ⇨ $\int f(x)dx = \dfrac{1}{a+1}x^{a+1}$

5. $f(x) = \dfrac{1}{x-a} (x - a \neq 0)$ ⇨ $\int f(x)dx = \log|x-a|$

6. $f(x) = \sin x$ ⇨ $\int f(x)dx = -\cos x$

7. $f(x) = \cos x$ ⇨ $\int f(x)dx = \sin x$

8. $f(x) = \dfrac{1}{\cos^2 x}$ ⇨ $\int f(x)dx = \tan x$

9. $f(x) = \dfrac{1}{\sqrt{a^2-x^2}}$ ⇨ $\int f(x)dx = \sin^{-1}\dfrac{x}{a} (a > 0)$

10. $f(x) = \dfrac{1}{a^2+x^2}$ ⇨ $\int f(x)dx = \dfrac{1}{a}\tan^{-1}\dfrac{x}{a} (a > 0)$

11. $f(x) = \dfrac{1}{\sqrt{x^2+a^2}}$ ⇨ $\int f(x)dx = \log|x + \sqrt{x^2+a^2}|$

12. $f(x) = \sqrt{a^2-x^2}$ ⇨ $\int f(x)dx = \dfrac{1}{2}\left\{x\sqrt{a^2-x^2} + a^2\sin^{-1}\dfrac{x}{a}\right\}$

6. 積　　分

(1) 不定積分

$\int f(x)dx = F(x) + C$ 　　$(F'(x) = f(x), C：定数，一般に省略)$

(2) 定積分

$\int_a^b f(x)dx = [F(x)]_a^b = F(b) - F(a)$ 　$(F'(x) = f(x))$

7. 積分の性質

$$\int kf(x)dx = k\int f(x)dx \quad (k：定数)$$

$$\int \{f(x) \pm g(x)\}dx = \int f(x)dx \pm \int g(x)dx \quad （複号同順）$$

$$\int \frac{f'(x)}{f(x)}dx = \log|f(x)|$$

$$\int_a^b kf(x)dx = k\int_a^b f(x)dx \quad (k：実数)$$

$$\int_a^b (f(x) \pm g(x))dx = \int_a^b f(x)dx \pm \int_a^b g(x)dx$$

$$\int_b^a f(x)dx = -\int_a^b f(x)dx$$

$$\int_a^b f(x)dx = \int_a^c f(x)dx + \int_c^b f(x)dx$$

$$\left|\int_a^b f(x)dx\right| \leq \int_a^b |f(x)|dx \quad (a < b)$$

$$\int f(x)dx = \int f(g(t))g'(t)dt \quad (x = g(t)) \qquad ：置換積分法$$

$$\int f(g(x))g'(x)dx = \int f(t)dt \quad (t = g(x)) \qquad ：置換積分法$$

$$\int f'(x)g(x)dx = f(x)g(x) - \int f(x)g'(t)dx \qquad ：部分積分法$$

$$\int f(x)g'(x)dx = f(x)g(x) - \int f'(x)g(t)dx \qquad ：部分積分法$$

$x = g(t), a = g(\alpha), b = g(\beta)$ のとき

$$\int_a^b f(x)dx = \int_\alpha^\beta f(g(t))g'(t)dt \qquad ：定積分の置換積分$$

$$\int_a^b f'(x)g(x)dx = [f(x)g(x)]_a^b - \int_a^b f(x)g'(x)dx \qquad ：定積分の部分積分$$